“十四五”时期国家重点出版物出版专项规划项目

面向2035：中国生猪产业高质量发展关键技术系列丛书

总主编　张传师

猪人工授精关键技术

◯主　编　李家连　母治平
◯顾　问　孙德林

中国农业大学出版社
·北京·

内容简介

本书共8章内容，其中第1～2章对我国猪人工授精技术的发展状况进行了总结，对猪人工授精技术流程进行了梳理概括，提出了猪人工授精技术未来发展思路与措施；第3～6章从精液采集、生产、贮存、运输、输精、公猪饲养与管理等环节进行了阐述；第7～8章对公猪站规划与设计、公猪站疫病防控体系建设进行了详细描述。本书内容较为全面、翔实、实用，操作性强，技术先进，简单易学，贴合实际。书中插入了大量关键环节相关图片资料，可作为猪场一线工作人员(管理人员、技术人员、饲养人员等)的技术指导书，也可作为相关科研人员、大专院校畜牧兽医专业师生的参考书。

图书在版编目(CIP)数据

猪人工授精关键技术 / 李家连，母治平主编. --北京：中国农业大学出版社，2022.10

(面向2035：中国生猪产业高质量发展关键技术系列丛书)

ISBN 978-7-5655-2876-7

Ⅰ. ①猪… Ⅱ. ①李…②母… Ⅲ. ①猪—人工授精 Ⅳ. ①S828.3

中国版本图书馆CIP数据核字(2022)第192379号

书　　名 猪人工授精关键技术
Zhu Rengong Shoujing Guanjian Jishu

作　　者 李家连　母治平　主编

执行总策划	董夫才　王笃利	**责任编辑**	赵　艳　胡晓蕾
策划编辑	胡晓蕾　赵　艳	**封面设计**	郑　川
出版发行	中国农业大学出版社		
社　　址	北京市海淀区圆明园西路2号	**邮政编码**	100193
电　　话	发行部 010-62733489，1190	**读者服务部**	010-62732336
	编辑部 010-62732617，2618	**出版部**	010-62733440
网　　址	http：//www.caupress.cn	**E-mail**	cbsszs@cau.edu.cn
经　　销	新华书店		
印　　刷	涿州市星河印刷有限公司		
版　　次	2022年11月第1版　2022年11月第1次印刷		
规　　格	170 mm×240 mm　16开本　13.5印张　255千字　彩插1		
定　　价	45.00元		

丛书编委会

编写人员

主　　编　李家连　华中农业大学
　　　　　　　　　广西贵港秀博基因科技股份有限公司
　　　　　母治平　重庆三峡职业学院

副 主 编　刘志伟　武汉市动物疫病预防控制中心
　　　　　魏宏逵　华中农业大学
　　　　　刘　瑗　湖北美术学院
　　　　　向金梅　湖北生物科技职业学院

参　　编　（按姓氏笔画排序）
　　　　　石广霄　广西贵港秀博基因科技股份有限公司
　　　　　叶　礼　广西贵港秀博基因科技股份有限公司
　　　　　杨　彪　广西贵港秀博基因科技股份有限公司
　　　　　范晓炜　农业农村部南京设计院中南分院
　　　　　周立臣　上海卡苏生物科技有限公司
　　　　　侯利利　广西扬翔股份有限公司
　　　　　钱星宇　宁波第二激素厂
　　　　　徐微锋　四川鼎王金猪科技有限公司
　　　　　曹方勇　武汉津利畜牧器械有限公司
　　　　　覃玉钊　广西贵港秀博基因科技股份有限公司
　　　　　潘红梅　重庆市畜牧科学院

顾　　问　孙德林　中国种猪信息网 &《猪业科学》超级编辑部

总　序

党的十九届五中全会提出，到2035年基本实现社会主义现代化远景目标。到本世纪中叶，把我国建成富强民主文明和谐美丽的社会主义现代化强国。要实现现代化，农业发展是关键。农业当中，畜牧业产值占比30%以上，而养猪产业在畜牧业中占比最大，是关系国计民生和食物安全的重要产业。

改革开放40多年来，养猪产业取得了举世瞩目的成就。但是，我们也应清醒地看到，目前中国养猪业面临的环保、效率、疫病等问题与挑战仍十分严峻，与现实需求和国家整体战略发展目标相比还存在着很大的差距。特别是近几年受非洲猪瘟及新冠肺炎疫情的影响，我国生猪产业更是遭受了严重的损失。

近年来，我国政府对养猪业的健康稳定发展高度重视。2019年年底，农业农村部印发《加快生猪生产恢复发展三年行动方案》，提出三年恢复生猪产能目标；受2020年新冠肺炎疫情的影响，生猪产业出现脆弱、生产能力下降等问题，为此，2020年国务院办公厅又提出关于促进畜牧业高质量发展的意见。

2014年5月，习近平总书记在河南考察时讲到：一个地方、一个企业，要突破发展瓶颈、解决深层次矛盾和问题，根本出路在于创新，关键要靠科技力量。要加快构建以企业为主体、市场为导向、产学研相结合的技术创新体系，加强创新人才队伍建设，搭建创新服务平台，推动科技和经济紧密结合，努力实现优势领域、共性技术、关键技术的重大突破。

生猪产业要实现高质量发展，科学技术要先行。我国养猪业的高质量发展面临的诸多挑战中，技术的更新以及规范化、标准化是关键的影响因素，一方面是新技术的应用和普及不够，另一方面是一些关键技术使用不够规范和不够到位，从而影响了生猪生产效率和效益的提高。同样的技术，投入同样的人力、资源，不同的企业产出却相差很大。

企业的创新发展离不开人才。职业院校是培养实用技术人才的基地，是培养中国工匠的摇篮。中国生猪产业职业教育产学研联盟由全国80多所职业院校以及多家知名养猪企业和科研院所组成，是全国以猪产业为核心的首个职业教育“产、学、研”联盟，致力于协同推进养猪行业高技能型人才的培养。

为了提升高职院校学生的实践能力和技术技能，同时促进先进养猪技术的推广和规范化，中国生猪产业职业教育产学研联盟与中国种猪信息网&《猪业科学》超级编辑部一起，走访了解了全国众多养猪企业，在总结一些知名企业规范化先进技术流程的基础上，围绕养猪产业链，筛选了影响养猪企业生产效率和效益的12种关键技术，邀请知名科学家、职业院校教师和大型养猪企业技术骨干，以产学研相结合的方式，编写成《面向2035：中国生猪产业高质量发展关键技术系列丛书》。该系列丛书主要内容涵盖母猪营养调控、母猪批次管理、轮回杂交与种猪培育、猪冷冻精液、猪人工授精、猪场生物安全、楼房养猪、智能养猪与智慧猪场、猪主要传染病防控、非洲猪瘟解析与防控、减抗与替抗、猪用疫苗研发生产和使用等12个方面的关键技术。该系列丛书已入选《“十四五”时期国家重点图书、音像、电子出版物出版专项规划》。

本系列图书编写有3个特点：第一，关键技术规范流程来自知名企业先进的实际操作过程，同时配有视频资源，视频资源来自这些企业的一线实际现场，真正实现产教融合、校企合作，零距离，真现场。这里，特别感谢这些知名企业和企业负责人为振兴民族养猪业的无私奉献和博大胸怀。第二，体现校企合作，产、教结合。每分册都是由来自企业的技术专家与职业院校教师共同研讨编写。第三，编写团队体现“产、学、研”结合。本系列图书的每分册邀请一位年轻有为、实践能力强的本领域权威专家学者作为顾问，其目的是从学科和技术发展进步的角度把控图书内容体系、结构，以及实用技术的落地效应，并审定图书大纲。这些专家深厚的学科研究积淀和丰富的实践经验，为本系列图书的科学性、先进性、严谨性以及适用性提供了有利保证。

这是一次养猪行业“产、学、研”结合，纸质图书与视频资源“线上线下”融合的新尝试。希望通过本系列图书通俗易懂的语言和配套的视频资源，将养猪企业先进的关键技术、规范化标准化的流程，以及养猪生产实际所需基本知识和技能，讲清楚、说明白，为行业的从业者以及职业院校的同学，提供一套看得懂、学得会、用得好，有技术、有方法、有理论、有价值的好教材，助力猪业的高质量发展和猪业高素质技能型人才的培养，助力乡村振兴，为全面建设社会主义现代化国家、实现中华民族伟大复兴的中国梦提供有力的人才和技能支撑。

孙德林　张传师

2022年1月

前 言

生猪产业关系国计民生，据中华人民共和国2021年国民经济和社会发展统计公报，全年猪牛羊禽肉产量8 887万t，其中猪肉产量5 296万t，占比约59.59%。养猪业是畜牧业的主导产业，养猪业是否发达在一定程度上反映了畜牧业发展水平。随着我国生猪养殖业的不断发展，集约化、规模化程度得到极大提升，但生产效率和发达国家之间还存在差距，提高生猪养殖效率是当前及今后一定时期内亟须解决的问题。提高生猪养殖效率是一个系统工程，良种是保障生猪产业健康发展的重要基础，是提升生猪产业核心竞争力的关键。

近年来，我国生猪种业自主创新能力持续提高，良种供给能力不断增强，有力地支撑了现代生猪产业发展。为深入贯彻党的十九届五中全会精神，落实国务院促进畜牧业高质量发展、稳定生猪生产以及建设现代种业有关部署要求，农业农村部办公厅于2020年12月24日印发了《关于加快生猪种业高质量发展的通知》，要求完善生猪种业创新体制机制，深入实施《国家畜禽良种联合攻关计划（2019—2022年）》，开展省内或跨省间的区域性联合育种，持续选育提高种猪遗传进展，培育新品种、新品系，发挥生猪种业技术支撑机构和行业协会作用，多层次、多渠道组织开展育种技术培训，培育一批技术先进、运行规范、服务高效的社会化育种服务组织；完善现代生猪良种繁育体系，提高良种供应能力；加强国家生猪核心育种场管理，实施动态调整；支持国家生猪核心育种场和种公猪站加大疫病净化力度，支持建设一批现代化高标准的商业化种公猪站，推广人工授精新技术及冷冻精液保存技术，加速优秀基因传递，完善种猪标准体系建设，鼓励制定地方标准、企业标准、团体标准，加快生猪良种推广应用。

20世纪50年代，猪人工授精技术引入我国，在此后近70年间，猪人工授精技术在我国得到快速发展。20世纪末，猪社会化供精站诞生，推动了我国生猪联合育种工作的开展，加快了优良种猪遗传信息的辐射，对猪病净化、降低成本、资源共享具有积极的推动作用。进入21世纪以来，猪社会化供精站得到快速发展，涌现出了一批优秀代表企业，如广西贵港秀博基因科技股份有限公司等。社会化供精站的出现对提升种公猪性能、统一种猪饲养标准、细化猪精生产标准、提高猪精质量具有积极的推动作用，在很大程度上加快了我国生猪产业高质量发展步伐。

非洲猪瘟疫情对我国生猪产业发展造成了巨大的冲击，加之生态环境保护相关法律法规的出台，推动了我国生猪养殖业快速转型升级。本书就是在这样的大环境下应运而生的。本书是“十四五”时期国家重点出版物出版专项规划项目——《面向 2035：生猪高质量发展标准化关键技术系列丛书》中的一册，本系列丛书由中国生猪产业职业教育产学研联盟与中国种猪信息网&《猪业科学》超级编辑部担任主编单位，中国种猪信息网&《猪业科学》超级编辑部孙德林总编辑担任总策划，重庆三峡职业学院院长张传师教授担任总主编。

本书由华中农业大学李家连副研究员、重庆三峡职业学院母治平副教授担任主编，中国种猪信息网&《猪业科学》超级编辑部孙德林总编辑担任顾问，本书参编单位有华中农业大学、重庆三峡职业学院、湖北生物科技职业学院、湖北美术学院、武汉市动物疫病预防控制中心、农业农村部南京设计院中南分院、重庆市畜牧科学院、广西扬翔股份有限公司、广西贵港秀博基因科技股份有限公司、武汉津利畜牧器械有限公司、上海卡苏生物科技有限公司、四川鼎王金猪科技有限公司。

本书共 8 章内容，其中第 1 章由李家连、母治平、刘志伟编写，第 2 章由曹方勇、刘志伟编写，第 3 章由徐微锋编写，第 4 章由叶礼、潘红梅、石广霄、杨彪编写，第 5 章由曹方勇、潘红梅、覃玉钊、钱星宇编写，第 6 章由魏宏逵编写，第 7 章由范晓炜、周立臣编写，第 8 章由刘志伟、向金梅编写。本书中视频、图片部分由侯利利提供，书稿整理由刘瑗负责。书中某些关键技术环节配套了视频资料，读者可以通过扫描相应位置二维码观看，以便能够更好地掌握相关技术。

随着猪人工授精技术的发展，书中相关技术有待进一步迭代优化。由于编者水平所限及编写时间仓促，书中可能存在不足之处，敬请广大读者批评指正，以便后期再版时加以改正完善。

编　者

2022 年 5 月

目 录

第1章

猪人工授精技术概要

【本章提要】猪人工授精技术是指通过技术人员对公猪精液进行采集，由专业人员对公猪精液质量进行评估及适当处理，再通过输精器械将处理好的精液输入母猪生殖器官内，从而使其受孕的一种配种技术。新中国成立后，我国为加快地方猪种改良，也开始了对人工授精技术的研究，特别是2007年中央财政启动“生猪良种补贴项目”以来，猪人工授精技术在我国各地得到快速推广与应用，但在推广过程中也存在一些问题制约着猪人工授精技术的发展。本章从猪人工授精技术的意义、发展现状、存在问题及应对措施等方面进行详细阐述，旨在为我国猪人工授精技术进步提供发展思路。

1.1 猪人工授精重要意义

猪人工授精技术是以种猪培育和商品猪生产为目的，采用的简单、实用、有效提高猪的繁殖性能、降低生产成本的方法，是科学养猪、实现养猪生产现代化的重要手段。其优点如下。

1.1.1 提高优良种猪利用效率

猪人工授精技术的应用对提高优良种猪利用率具有重要意义，可将优良种猪的优秀基因迅速传递到各个猪群。在正常情况下，采取自然交配的传统方式进行配种，1头公猪1年可负担25～30头母猪的配种任务，繁殖仔猪600～800头。采用人工授精技术进行配种，1头公猪1年可负担300～500头母猪的配种任务，繁殖仔猪10 000头以上。由此可见，猪人工授精技术可显著提高种公猪的利用效率，特别是可以充分利用优良种公猪的基因，扩大其利用范围，提高优良种公猪基因覆盖率。种公猪处于养猪产业的金字塔塔尖,通过猪人工授精技术可将优秀种公猪的基因快速传递到下一代,加快品种改良速度,提高商品猪质量及其整齐度,从而有效提高养猪生产效率。

1.1.2 降低疾病传播风险

在公猪和母猪自然交配过程中,有些疾病可通过种公猪和种母猪的接触传播或者通过精液进行传播,同时,无法对公猪精液品质进行检测。体内外的寄生虫一般不会通过精液传播,一些通过呼吸道和消化道传播的疾病在良好的卫生条件下也不会通过精液传播,一些可能通过精液传播的疾病(如非洲猪瘟、猪瘟、伪狂犬病、蓝耳病、口蹄疫等)可以通过严格的生物安全措施,定期监测,达到有效防控或净化的目的,确保所使用的精液不含这些病毒,实现安全配种。通常情况下,在人工授精前需对精液质量进行检测,质量合格的精液才能用于适配母猪的配种,采精过程要严格按照操作规程进行,避免采精过程中精液受到污染。同时,精液稀释及输精过程也要做好生物安全防控措施,杜绝因操作不当造成精液污染,引发部分生殖道疾病的传播,降低母猪的受胎率和产仔数。

1.1.3 克服种猪个体差异制约

猪人工授精技术可克服时间、地域、体重等种猪个体因素的制约,根据生产需要充分利用优良种公猪基因,发挥优质种源效益。养猪生产过程中,当自然交配时,体重相差较大的种公猪和种母猪间无法顺利进行配种,不同品种种猪间配种可能存在一定障碍,种公猪与种母猪间喜好不同也有可能造成配种障碍,可能会出现母猪发情但没有公猪完成配种的现象,严重影响优良种公猪的利用与品种改良进程。采用人工授精可将公猪精液进行处理保存一段时间,随时给发情母猪输精配种,可以不引进公猪而购买精液(或冻精),物流配送方便,经济实惠,并能做到保证质量和适时配种,克服种猪个体大小差异制约,提高养猪业经济效益和社会效益。

1.1.4 降低配种成本,提高种猪繁殖效率

猪人工授精与自然交配相比,饲养公猪数量大大减少,既节省了购买种公猪的资金投入,还减少了饲料、栏舍、劳动力、防疫费、医药费等投入,即使新建一座合适的公猪站,也可显著提高经济效益。如果从高端社会化供精公猪站购买猪精,也会创造出更大经济效益。猪人工授精所用精液均通过品质检查,及时淘汰不合格精液,确保猪精质量,通过适时输精提高母猪配种分娩率和窝均产仔数,尤其在气温较高的季节效果更明显。

1.1.5 促进良种繁育体系建设

猪人工授精对育种的重要性主要表现在以下 5 个方面：一是通过保存优良种公猪或濒危品种公猪的精液，使种公猪的使用不受其生理年限限制，实现遗传资源的保存；二是可使种公猪跨群或跨地区使用更为方便、经济、安全，便于引入外源群体优良基因；三是对公猪需求量减少可增加公猪选择强度；四是可以集中人才、资金、技术、种源、场舍和设备等重要资源，加快种猪遗传进展，通过猪人工授精技术提升优良基因推广应用效率；五是通过控制公猪的使用建立一个均衡的群体结构，提高遗传参数及育种值估计效率。猪人工授精与自然交配相比，50%、100%人工授精分别使 10 年选择的累积遗传进展提高了 14%、17%。因此，猪人工授精在技术上可以解决我国种猪场数量多、规模小的问题，实现猪的联合育种，也是当前我国养猪业提高猪育种效率、完善良种繁育体系的经济有效的手段。

1.2 猪人工授精发展现状

新中国成立后，我国开始了对猪人工授精技术的研究。特别是自 2007 年中央财政启动生猪良种补贴项目以来，猪人工授精相关标准逐步建立、相关从业者快速成长、社会化供精快速发展和硬件设施设备逐步完善等，极大促进了猪人工授精技术的发展及在全国各地的推广与应用，对加快生猪品种改良和提升养猪生产效益成效显著。

1.2.1 猪人工授精普及率逐步提高

1.2.1.1 国外猪人工授精技术发展

猪人工授精技术的应用研究开始于第二次世界大战之后。20 世纪 70 年代，随着养猪业规模化、集约化的兴起，加之人工成本的增加，国外猪人工授精技术的推广受到一定影响。20 世纪 80 年代后期，猪人工授精技术得到长足发展，精液保存技术取得较大进步，猪人工授精相关用品得以工厂化生产，精液品质检测技术及相关仪器的发明与使用，使得猪人工授精技术得以快速发展与普及。目前，使用猪人工授精技术比例较高的一些欧美养猪业发达国家，如荷兰、意大利、美国、加拿大、丹麦等人工授精普及率已超过 90%。

1.2.1.2 国内猪人工授精技术发展

我国猪人工授精技术推广大致可划分为 4 个阶段。

第一阶段：1955 年开始试验，20 世纪 60 年代以后转入生产应用，并在广西、江苏、北京等地推广普及，主要以国外瘦肉型品种种公猪与我国地方品种种母猪杂交为主，当时已经建立了专门的猪人工授精站，采用统一供精，大力推广猪人工授精技术，该技术在我国有着较广泛的应用基础，但随后因多方面的原因猪人工授精技术应用范围逐步萎缩。

第二阶段：20 世纪 90 年代，随着猪人工授精技术、精液贮存技术、人工授精产品的工业化制造以及某些专用器械的研发运用，使得人工授精技术在全球再度流行。美国谷物协会于 1997 年 12 月组织了广东、广西等地的一些专业技术人员赴美国考察和学习规模猪场人工授精技术之后，猪人工授精技术逐步被集约化猪场认可和使用，呈现了良好的发展趋势。21 世纪初，该技术在我国得到了广泛的应用，全国范围内建成了很多场内猪人工授精站，并在广州、北京等地出现了大型的社会化公猪站。

第三阶段：2007 年在国家生猪良种补贴政策引导下，我国猪人工授精技术推广进入一个快速发展时期。从 2007 年国家生猪良种补贴项目开始，到 2009 年 9 月 3—5 日，农业部畜牧业司、农业部奶业管理办公室和全国畜牧总站在吉林省长春市举办的 2009 年全国畜牧良种补贴项目管理与技术培训班上，充分肯定了项目实施取得的成效：一是提升了畜禽良种化水平。截至 2009 年，项目区种公猪利用率提高 10 倍以上，全国生猪人工授精率提高 8～10 个百分点。二是促进了农民稳定增收。生猪良种补贴项目的实施，带动农民增收约 230 亿元，养殖效益显著增加。三是完善了畜禽良种繁育体系。生猪良种补贴项目的实施，带动了项目区种公猪站点建设，进一步健全了生猪人工授精服务网络。同时还减少了生猪疫病的传播，推进了基层畜牧技术支撑队伍建设，为现代畜牧业发展奠定了坚实的基础。2013 年，据相关部门统计，我国使用人工授精技术的大型养猪场占比为 80%～90%，小型养猪场为 50%～60%，农村散养户为 40%～50%。2016 年开始，国家加大环保整改力度，开展养殖三区划定，推进环保不达标猪场退养、拆迁工作，大量的环保不达标小型猪场和农村散养户相继退出生猪养殖。2017 年，国家生猪良种补贴项目取消。

第四阶段：2018 年非洲猪瘟进入我国，对我国良种繁育体系造成了巨大冲击，使得优良种猪供应短缺。同时，养猪生产中对强化生物安全和提升养猪效率提出了更高要求，为高端社会化供精发展带来了巨大的市场需求和推广应用空间，极大地推动了高端社会化供精的快速发展和应用。

1.2.2 猪人工授精相关标准逐步建立

随着猪人工授精技术的不断发展与普及，国家先后发布了猪人工授精技术相关技术标准。2002 年，中华人民共和国农业部发布了猪人工授精技术方面的第一个技术规程——《猪人工授精技术规程》(NY/T 636—2002)，并于 2003 年 3 月 1 日正式实施。2021 年，农业农村部发布修订版本《猪人工授精技术规程》(NY/T 636—2021)，于 2021 年 11 月 1 日实施。标准规定了猪采精、精液品质检查、稀释、分装、贮存与运输、输精等人工授精技术环节。

2009 年发布了《种猪常温精液》(GB 23238—2009)，2021 年发布了修订版本《种猪常温精液》(GB 23238—2021)，于 2022 年 5 月 1 日实施。标准规定了种猪常温精液的质量技术要求、抽样、试验方法、检验规则、标签和随行文件、包装、贮存、运输和保质期、不合格产品处置，适用于商品化的种猪常温精液产品。

2010 年发布了《猪常温精液生产与保存技术规范》(GB/T 25172—2010)，2020 年发布了修订版本《猪常温精液生产与保存技术规范》(GB/T 25172—2020)，于 2021 年 6 月 1 日实施。标准规定了猪常温精液生产与保存的基本要求和技术要求，描述了对应的试验方法，给出了保存和运输的内容，适用于猪的常温精液生产与保存。

这些标准和规范的发布与实施，为我国种猪常温精液生产经营行为的标准化、规范化发挥了积极推动作用，为种猪常温精液产品质量抽检、生猪良种补贴项目实施以及生猪人工授精技术的推广普及提供了有力的技术支撑和判断依据，使得我国猪人工授精覆盖率得以大幅度提高，很大程度上节省了种公猪的饲养量，降低了疾病传播风险，提高了养猪效率。

根据《中华人民共和国畜牧法》和《中华人民共和国畜禽遗传资源进出境和对外合作研究利用审批办法》的有关规定，中华人民共和国农业部制定了《种猪及冷冻精液进口技术要求(试行)》，于 2011 年 11 月 25 日公布。2016 年，农业部对其进行了修订，并于 2017 年 1 月 1 日实施。《种猪及冷冻精液进口技术要求》主要内容包括基本条件、从境外引进种公猪的技术条件、从境外引进种母猪的技术条件、从境外引进种猪精液的技术条件等 4 个部分，该要求为种公猪的引进、猪冷冻精液的研究与发展起到了积极的推动作用。

种公猪站建设是推广生猪人工授精技术、提高优良基因传递速度的有效途径，是生猪良种繁育体系的重要组成部分。2011 年农业部发布了《种公猪站建设技术规范》(NY/T 2077—2011)，该标准规定了种公猪站的选址、布局、防疫、基础设施、种公猪、仪器设备、人员要求、规程和管理制度。为贯彻落实《全国生猪遗传改良计划(2009—2020 年)》，促进种猪遗传交流，加快推进生猪联合育种，进一步发挥种公猪站在生猪良种繁育体系中的作用，2016 年 9 月农业部畜牧业司制定了《全国生猪遗传改良计划种公猪站建设方案(试行)》，在全国遴选 3～5 家种公猪站进行试点，通过核心育种群公猪精液交换，实现核心育种场间遗传物质交流，推动种猪联合育种工作取得实质性进展。《全国生猪遗传改良计划（2009—2020年）》实施以来，我国生猪种业自主创新能力持续提高，良种供给能力不断增强，有力地支撑了生猪产业发展。为进一步提升我国生猪种业创新能力，引领和支撑生猪产业高质量发展，农业农村部发布了《全国生猪遗传改良计划（2021—2035年）》。

1.2.3 相关从业者快速成长

我国教育事业快速发展为各行各级各类人才培养奠定了良好的基础。2010年我国高等教育毕业生数为9 216 247人，中等教育毕业生数为32 818 276人，中等教育以上毕业生数为42 034 523人；2020年我国高等教育毕业生数为13 892 677人，中等教育毕业生数为28 159 684人，中等教育以上毕业生数为42 052 361人。2020年比2010年分别增长50.74%、−14.20%、0.04%，中等教育以上毕业生一直维持庞大基数，并且高等教育毕业生数显著增长，我国教育事业发展为畜牧业发展源源不断地培养急需的各类人才资源（表1-1）。

表1-1 各级各类学历教育学生情况(2020年和2010年)

项目		2020年			2010年			毕业生数增长率/%
		毕业生数	招生数	在校生数	毕业生数	招生数	在校生数	
高等教育	研究生	728 627	1 106 551	3 139 598	383 600	538 177	1 538 416	89.94
	普通本专科	7 971 991	9 674 518	32 852 948	5 754 245	6 617 551	22 317 929	38.54
	成人本专科	2 469 562	3 637 630	7 772 942	1 972 873	2 084 259	5 360 388	25.18
	网络本专科	2 722 497	2 779 128	8 464 464	1 105 529	1 663 655	4 531 443	146.26
中等教育	中等教育	28 159 684	31 532 006	90 820 113	32 818 276	34 232 365	100 196 629	−14.20

资料来源：国家统计局《中国统计年鉴》(2011年和2021年)。

农业类院校作为现代畜牧业人才培养的主阵地，在畜牧业人才培养过程中发挥着不可替代的主导作用。据我国经济普查年鉴显示，2018年我国农、林、牧、渔业从业人员数仅占各行业大类从业人员总数的0.42%。第三次全国农业普查主要数据公报(第五号)显示，2016年我国农业生产经营人员总数为31 422万人，其中高中或中专以上占比为8.3%，从事畜牧业和农林牧渔服务业占比为4.1%；规模农业经营户农业生产经营人员总数为1 289万人，其中高中或中专以上占比为10.4%，从事畜牧业和农林牧渔服务业占比为23.2%；农业经营单位农业生产经营人员总数为1 092万人，其中高中或中专以上占比为27.6%，从事畜牧业和农林牧渔服务业占比为27.2%(表1-2)。

表 1-2　农业生产经营人员数量和结构

项目		全国农业生产经营人员	规模农业经营户农业生产经营人员	农业经营单位农业生产经营人员
农业生产经营人员总数/万人		31 422	1 289	1 092
农业生产经营人员受教育程度构成/%	高中或中专	7.1	8.9	19.6
	大专及以上	1.2	1.5	8.0
农业生产经营人员主要从事农业行业构成/%	畜牧业	3.5	21.3	16.6
	农林牧渔服务业	0.6	1.9	10.6

资料来源：国家统计局第三次全国农业普查主要数据公报(第五号)。

随着畜牧业规模化、集约化、现代化程度的不断提高，对畜牧业相关人才的需求量越来越大，在此过程中专业化的猪人工授精设备公司、猪人工授精用耗材公司、社会化供精公司、养猪公司和养猪服务公司，在畜牧业应用型人才培养中也发挥了重要作用。如社会化供精公司推出的认证配种师项目对产业人才进行系统培训，组建“双师型”教师队伍，高技能人才培训教师除具备敬业精神和职业道德等基本条件外，还必须具备理论和实践两种教学能力。项目采用“三元制”培养模式：基地＋学校＋企业。基地企业主要针对发展变化中的社会需求，发挥敏锐的洞察能力，指导学校课程和专业的设计，进行师资培养和训练；学校主要对学员进行相应的专业理论知识教学和必要的实验、实习或实训课程指导；企业主要通过对学员进行实际操作培训，指导生产实习(含跟岗实习、顶岗实习，专业实习和实训等)，反馈培训效果，提出改进意见或建议。项目建立“五级评价”体系：结合知识、技术、实践、产业四个环节，以产业人才需求为依据，将“学、训、赛、评、证”形成闭环，同时将人才综合能力评价贯穿始终，打造优秀人才成长通路。

一些重要的畜牧行业会议，如中国畜牧业博览会、世界猪业博览会暨李曼中国养猪大会、全国猪人工授精大会等，通过产品展示和技术交流，逐步发展成为国内外养猪业新工艺、新技术、新产品、新方案的展示和交流平台，使从业者开阔了视野，完善了知识结构，促进了从业者快速成长。

猪人工授精技术在中国的快速发展与普及，离不开相关从业者的快速成长，更离不开国家的政策扶持。随着 2007 年国家生猪良种补贴政策的引导，我国猪人工授精技术推广进入一个快速发展时期，也推动了全国范围内猪人工授精技术相关培训工作的开展。通过培训，使从业人员的专业素质和实际操作技能水平得到了提高，项目管理得到强化，为建立一支生猪良种补贴项目专业队伍奠定了基础，达到了预期目的。

根据财政部《生猪良种补贴资金管理暂行办法》和农业农村部畜牧业司《关于

进一步做好畜牧良种补贴工作的通知》要求，为提高生猪良种补贴项目种公猪站技术人员、乡镇村品改员以及母猪养殖户生猪人工授精技术水平，确保项目实施成效，各省份在各生猪良种补贴项目县（市、区）纷纷开展猪人工授精技术培训计划。2007 年全国畜牧总站分 3 批对全国 25 个省区市的 200 个县的项目管理和技术人员进行了培训，有 390 多人参加了培训。

为推广良种猪人工授精技术，加速生猪良种化进程，确保生猪良种补贴项目的顺利实施，农业部于 2007 年 10 月 29—31 日在北京举办了“2007 年生猪良种补贴项目管理与技术培训班”。时任全国畜牧总站站长古继承提出八点具体要求：一是加强领导，加强项目的实施；二是深入调研，科学制订项目实施方案；三是严格审查，确保种公猪精液质量；四是明确目标，制订计划，做好人、财、物的保障，积极配合生猪良种补贴工作的开展；五是成立项目专家组，加大技术培训的推广力度，充分发挥技术咨询和推广力度；六是坚持以饲养管理为中心，防重于治的原则；七是建立档案资料，跟踪实施效果；八是加大宣传力度，督促良种补贴工作的实施。

技术培训与指导是项目顺利实施的保障。项目承担单位要成立专家组，充分发挥专家作用，加大技术咨询、指导和培训力度。同时要因地制宜加大推广生猪良种繁育和饲养管理适用技术力度：一是加大猪人工授精技术推广工作力度，对种公猪选择、母猪发情鉴定、输精等关键环节进行培训，提高猪人工授精效果；二是推广后备母猪和经产母猪产前产后优饲技术，提高母猪繁殖效率；三是推广仔猪出生及断奶后 1 周的护理和饲喂技术，提高仔猪成活率；四是推广全进全出饲养和干清粪工艺，改善养殖环境；五是推广饲料日粮科学配制技术，广辟饲料来源，降低日粮配制成本；六是规范饲料投入使用，保护生猪自身免疫力；七是提高饲养管理水平，坚持防治结合、预防为主的原则，加强疫病防控工作。

通过政府部门、科研院校和企业发挥各自优势，对猪人工授精技术上下游企业和应用主体进行大量、系统培训和指导，使我国猪人工授精从业者的知识结构和技能水平得到显著提升，猪人工授精技术在我国得到了普及与推广，提升了生产效率和经济效益。

1.2.4 种猪质量逐步提升

猪人工授精技术是生猪遗传改良的重要手段。良种是生猪养殖业的龙头，对养猪业发展贡献率高达 40%，养猪生产水平及所获收益与种猪质量密切相关。改革开放以来，我国先后建成 4 478 个原种猪场、扩繁场，在武汉、广州、重庆建立了农业农村部种猪质量监督检验测试中心，承担全国种猪与种公猪精液质量等监测任务，成立了全国猪育种协作组，积极推进种猪测定、选育与区域性猪联合育种工作。目前，以原种场、扩繁场、种公猪站、性能测定中心（站）、遗传评估中心和质量检测中心等为主体的良种猪繁育体系已初步建立。

从2007年国家实施良种补贴项目开始，我国培育了大批专门从事优良种猪精液销售的公猪站，公猪站从单纯购买物美价廉公猪到后期重视体型外貌选择，再到2009年国家开展全国性联合育种，种公猪的育种得到进一步的提升，推动公猪站从体型外貌选择到性能选择。生猪良种补贴项目的实施，加速了种公猪站软硬件设施的改造升级和先进精液生产检测设备的运用，带动了人工授精技术推广体系的建设完善，并且随着项目的深入实施，广大养殖场户对优质精液的要求越来越高，推动了良种登记和性能测定工作的开展，促进了种猪的遗传改良。

随着良种普及率不断提高及饲养管理水平日益改善，我国生猪生产水平逐年提高：一是生猪生产稳步发展。根据国家统计局统计，2011年中国生猪存栏47 075万头，生猪出栏67 030万头，猪肉产量5 132万t，猪肉产量约占肉类产量的63.96%；2020年中国生猪存栏40 650万头，生猪出栏52 704万头，猪肉产量4 113万t，猪肉产量约占肉类总产量的53.09%(表1-3)。2018年我国发生非洲猪瘟疫情，生猪养殖业深受影响，但近10年来我国生猪生产总体稳步发展。二是生产水平明显提高。生猪出栏率由20世纪70年代的50%增加到目前的140%，出栏生猪体重由90 kg提高到110 kg左右，育肥出栏周期由300 d左右缩短到目前的160 d左右，生猪配合饲料转化率与“八五”时期相比提高了20%以上。

表1-3 我国2011—2020年生猪生产情况

项目	2011年	2012年	2013年	2014年	2015年	2016年	2017年	2018年	2019年	2020年
生猪存栏量/万头	47 075	48 030	47 893	47 160	45 803	44 209	44 151	42 817	31 041	40 650
生猪出栏量/万头	67 030	70 725	72 768	74 952	72 416	70 074	702 02	693 82	54 419	52 704
猪肉产量/万t	5 132	5 444	5 619	5 821	5 645	5 426	5 452	5 404	42 554	4 113

资料来源：国家统计局《中国统计年鉴》。

1.2.5 硬件设施设备逐步完善

1.2.5.1 公猪站建设

1. 公猪站建设意义

随着猪人工授精技术的日益成熟与完善，独立公猪站应运而生。公猪站以生产商品精液为目的，为社会提供优质猪精，扩大优秀种公猪的利用率，加速猪种改良。在我国建设公猪站具有以下几点意义：一是可以加快猪人工授精技术的应用与推广；二是可以通过引入猪精提高良种普及率；三是可以减少公猪饲养量，提高社会效益；四是通过规范公猪站建设，提升我国社会化供精的供给水平；五是解决散户、中小生猪养殖场和规模猪场配种难、配种贵的难题。

2. 公猪站建设现状

近年来，我国公猪站建设得到快速发展。2007 年，国家出台了生猪良种补贴政策，对于使用良种猪精液采用人工授精配种给予补贴，同时各个省区市也纷纷出台了地方政策，给予养猪相应鼓励。全国各地开始纷纷投资建设种猪精液供应站即种公猪站。然而，致力于此方面研究的人员还不是很多，对种公猪站建设关注不够以及各种现实条件的限制，致使目前种公猪站建设形式多样。当前建设的公猪站主要有以下几种形式：集团公司经营的专业化公猪站，如广西贵港秀博基因科技股份有限公司，具备种猪、资金、技术、人才、品牌等方面的优势，需要专业团队长期独立运营才能建立有影响力的猪精品牌；育种公司以授权加盟方式经营的公猪站，具备种猪、资金、技术、人才、品牌等方面的优势，多以品牌授权加盟方式为主，部分加盟公猪站硬件设备、设施、产品质量和技术服务能力受限，需要提升加盟条件和规范管理，以提高服务客户满意度；社会化供精平台公司，由专业团队运营，整合上下游资源，品种品系选择较多，可以充分利用社会资源，但上下游之间沟通协调成本较高，需要加强上下游合作机制优化，建立高度互信，提高资源整合效率；独立公猪站，由专业团队运营，种猪多以外部购买为主，选择较多，但可持续性和稳定性需要加强，多以形成区域地方品牌为主；小型公猪站，以自营为主，服务周边散养户，需要提升软件和硬件能力以及服务能力，更好地满足客户需求；场内供精，使用方便，即采即用，场内资源丰富，管理到位，可以取得不错的成绩，如果场内资源不足，管理粗放，则问题较多，生产效率提高受限。

1.2.5.2 公猪站设施设备

1. 公猪舍环境控制系统

公猪舍环境控制系统主要目的是为公猪舍提供新鲜空气并保持适宜的温度。影响公猪体感温度的主要因素有环境温度、相对湿度及风速。公猪舍环境温度受季节、天气及猪舍保温性能的影响。相对湿度受地域、季节、天气影响，也与通风长度、风速有关。公猪舍环境控制系统要根据所处地理位置和气候条件进行通风设计并配备相应设备，通过吊顶、保温、密封达到温控效果并节约能源开支。公猪舍温度超过 27 ℃，持续 24 h，公猪精子和附睾就会受到严重热应激，45 d 内公猪精子质量都会受影响。公猪舍环境控制系统一般由风机、水帘、进风口、空气过滤器、加热系统及控制系统组成。公猪舍通风系统一般需要 4～6 挡，1、2 挡最好具有变速功能，1 挡每天需要工作 24 h，这就要求 1 挡风机可靠性高。控制系统是整个设备体系的关键部分，指挥整个系统运转，其可靠性尤为重要。可靠控制系统一般为双系统，除电子控制外，还有机械控制系统作为应急使用。现代控制系统已经智能化，可以远程控制和报警，方便管理。

2. 公猪站自动饲喂系统

猪的饲喂系统一般由饲料贮存设备、饲料输送设备、采食设备组成。公猪舍料仓一般放置在栏舍外，料仓要密封、防雨、耐腐蚀。料仓容量应满足猪群 4～7 d 采食需要。公猪站饲料输送设备一般为干料输送设备，可分为绞龙输送设备和管链输送设备。采食设备包括定量器、料槽、电子饲喂系统等。

3. 公猪自动采精系统

公猪自动采精系统是采精人员在地坑式通道一侧或两侧的隔栏内安装多套自动采精设备，通过与猪舍连接的可变栅栏通道将公猪驱赶至公猪自动采精架前。假台猪下方滑轨上分别装配有一个用于固定精液收集杯的支架和一个固定假阴道的夹具。采集人员戴手套握持固定假阴道，刺激公猪至其阴茎勃起、射精，弃去第一段射出精液后，将精液收集杯固定在配备的夹具上，并与假阴道连接。假阴道能保持适宜温度和刺激压力，使公猪持续正常射精。射精结束后，采精人员撕去精液收集袋上端部分(即过滤袋)，打结扎紧精液收集袋后移至保温装置中，运抵精液处理室。目前，公猪自动采精系统已开始在一些大、中型猪场和种公猪站广泛应用，此方法不仅能大幅度减少精液中细菌数量，还能改善采精员的工作环境并提高其工作效率，且能降低人为因素影响。

4. 计算机辅助精子分析系统

现在多数公猪站开展精液密度测定，通常采用 721 型分光光度计，但仅测定公猪精液密度，无法评定其他指标，缺乏对精子质量的客观评估。目前对精子活力评估发展方向主要是增加对精子外部状态的评估和受精能力的评估。计算机辅助精子分析系统可检测活力、密度、畸形、精子运动轨迹、死活比率等，主要侧重精子外部状态。精子受胎能力分析仪(Easy Cyte)采用了流式细胞仪的原理，检测项目包括密度、精子形态、顶体完整率、线粒体、DNA 片段、精子钙的吸收量、自由基、细菌总数，主要从精子内部指标的检测，判断精子的受胎能力。对精子密度、外部状态和受精能力的评估，提高了对精液品质的客观判定，有助于及时淘汰潜在不合格精液，切实提高优秀公猪的利用效率，提升生产效率。

5. 精液自动灌装机

现在国内大型公猪站普遍采取精液自动灌装机分装精液，采用袋装方式贮存和运输精液。精液自动灌装可以实现全自动准确灌装、封口、切割、打印、贴标及质量追踪，准确高效，避免了细菌污染。不仅提高了精液分装的连续性和准确性，也可降低了人工成本。

1.2.6　新技术新产品推广应用

猪人工授精技术是世界范围内应用最广泛、最有效的生猪繁殖实用技术。随着科学技术的发展，人工授精技术也在不断地进行新技术和新产品的革新，近年来，推广应用较多的主要是基因组育种技术、低密度输精技术、深部输精技术和精液冷冻保存技术等。

1.2.6.1 基因组选择

基因组选择(genomic selection,GS),这一概念由挪威生命科学大学的 Theo Meuwissen 教授于 2001 年提出。它是一种利用覆盖全基因组的高密度分子标记预测动物个体的基因组估计育种值(genomic estimated breeding value, GEBV),可以提高选择的准确度和选择强度,缩短时代间隔,做到早选、准选,使动物育种发生了巨大变革。

常规育种手段主要利用性状记录值、基于系谱计算的个体间亲缘关系,通过最佳线性无偏估计(best linear unbiased predication, BLUP)来估计各性状个体育种值(EBVs),通过加权获得个体综合选择指数,根据综合选择指数高低进行选留。标记辅助选择(marker assisted selection,MAS)育种,利用遗传标记将部分功能验证的候选标记联合 BLUP 计算育种值,这不仅可以提高育种估值的准确性,还可以在能够获得 DNA 时进行早期选择,缩短世代间隔,加快遗传进展。GS 通过覆盖全基因组范围内的高密度标记进行育种估值继而进行排序、选择,可以理解为全基因组范围内的标记辅助选择。相比 BLUP 方法,全基因组选择可有效降低计算个体亲缘关系时孟德尔抽样误差的影响;相比 MAS 方法,全基因组选择模型中包括了覆盖全基因组的标记,能更好地解释表型变异。

全基因组选择技术是猪育种关键前沿技术。2013 年,我国广东省恩平市国家生猪种业工程技术研究中心研发基地沙湖原种猪场,首次采用全基因组选择技术评估并选留 1 头杜洛克特级种公猪,是我国掌握该技术并成功应用于猪育种实践的标志。

1.2.6.2 基因组选配

基因组选择技术在应用于奶牛、猪等动物育种的 10 年间,种用动物遗传进展得到大幅度提高,但基因组选择通常重视目标性状的遗传进展,而忽略了配种亲本个体间的遗传关系,使后代群体中近交程度增加、遗传多样性降低以及有害基因纯合等问题暴露出来。因此,基因组选择难以维持长期的遗传进展。2016 年,一种具有可持续性的遗传选择方法被正式提出,称为基因组选配(genomic mating, GM),该方法利用待选种用个体的基因组信息实施优化选种和选配,可以控制群体近交的增长速率,实现长期且可持续的遗传进展。基因组选配方法比基因组选择方法更适合于现代动物育种,尤其适用于地方品种的保护和遗传改良。

基因组选配在进行种用动物的优化选择与选配时,既考虑种用动物自身的遗传,也考虑配偶间的遗传关系和互补性,以及一些品种特有的特征和特性,从而使群体遗传杂合度的降低、近交系数的增加以及选择世代间遗传背景基因频率的改变都最小化。GM 方法除优化选配方案外,还可应用于以下五个方面:一是发现未知祖先或纠正不准确家系；二是估计杂交动物或确认品种纯度的品种构成；三是在基因组水平避免近交和估计非加性遗传效应；四是发现和监测新的缺陷或经济性状的个体；五是预测高产或低产个体出现的概率等多种情形或应用领域。

基因组选配虽具有诸多用处，但目前大多数研究仍为计算机模拟阶段，采用实际数据的研究和应用不多。因此，如何有效地将 GM 方法应用于动物遗传改良，依然需要更多探索。

1.2.6.3 批次化生产

批次化生产是将原有连续性生产模式（每天或者每周都有配种、分娩、断奶、销售的工作）改为在固定时间段将生产工作间隔分明且有规律的完成。母猪批次化生产管理技术主要包括后备母猪同期发情、空怀母猪同期发情、哺乳母猪统一断奶、定时输精和同期分娩。

随着 2018 年 8 月我国首次暴发非洲猪瘟疫情以来，中国传统模式下的养猪业弊端不断暴露，如生物安全风险高、疫情防控难度大、母猪利用率较低、生产周期不均衡等，严重制约我国生猪产业向健康可持续的方向发展。批次化生产管理能真正实现猪场的"全进全出"，有效阻断疾病在不同批次猪群间的传播，提高猪群健康水平；提高饲料转化效率，减少栏舍、兽药及疫苗等浪费，降低生产成本；优化母猪利用率和周转率，提高养猪生产效率和经济效益。因此，母猪批次化生产正好顺应了当前猪场非洲猪瘟疫病防控和养猪产业发展形势需要，对我国养猪产业的革新具有重要意义。

1.2.6.4 母猪智能查情

母猪智能查情是通过智能设备检测母猪声音、体温、进食情况、行为表现，并结合历史发情数据、母猪阶段监控等判断母猪发情程度，通过大数据算法智能判断最佳配种时间，并主动推送任务至配种员手机 App，从而实现智能查情，减少错配、漏配，可明显提高母猪受孕率和产活仔率。

1.2.6.5 精液冷冻保存技术

猪精液冷冻保存技术一般指利用液氮（－196 ℃）作为冷源，经离心浓缩、添加保护成分并经过适当的降温平衡和冷冻，使精子细胞的代谢几乎完全停止，从而达到长期保存的目的。普遍认为，猪冷冻精液意义在于：一是使优秀种公猪的遗传资源突破时空限制；二是通过引进冷冻精液取代活体引种，能大幅度降低运输、饲养管理和免疫等成本。猪精液冷冻技术研究早期，主要参照用于牛的方法。然而与牛相比，猪精液量较大、精子对"冷休克"敏感，需要在冷冻前离心除去大部分精浆，且对降温平衡条件要求较高，导致猪精液冷冻难度远大于牛。此外，作为多胎家畜，猪冷冻精液能否应用取决于受胎率和产仔数 2 个指标（而牛冷冻精液仅涉及受胎率)能否被用户接受,上述两方面因素制约了猪精液冷冻保存技术研究和应用。

20 世纪 70 年代,Polge 等首次利用手术法将冷冻精液直接注入输卵管成功产下仔猪。冷冻细管较适于自动化、标准化生产,且不容易遭受污染、容易标记,故冷冻细管很快就取代颗粒、安瓿瓶等剂型成为家畜冷冻精液的标准剂型。1975 年,猪的颗粒和细管冷冻精液开始在猪育种中得到应用,但到 21 世纪初使用冷冻精液的母猪数量还不到授精总量的 1%。20 世纪 60～80 年代,我国在多个省区市展开大规模猪冷冻精液输精试验,如广西畜禽品种改良站试验的情期受胎率和窝均产仔数分别为 75.97%和 9.42 头。猪冷冻精液品质较差、解冻操作相对复杂,使用常规输精方法效果远低于液态保存精液,故过去几十年猪精液冷冻保存技术一直止步于试验阶段。

随着可精准控制降温的专用精子冷冻仪的应用,以及在配套的母猪发情鉴定和深部输精等技术的推动下,研究者们探索出一套针对猪精液和精子特性的浓缩、降温平衡和解冻工艺,表明猪冷冻精液已具备商业化生产条件。2009 年起,在国家生猪良种补贴项目与国家生猪核心育种场建设等的推动下,开始建设大量以提供精液(液态保存或冷冻精液)为主的种公猪站,从而改变了国内猪场的引种模式,众多养猪企业理性地根据自身育种和生产需求引进、订制种猪精液已成为当前的主流。在目前非洲猪瘟形势仍不乐观的大背景下,猪冷冻精液开始受到猪育种和生产企业重视和青睐,极大地推动了其商业化生产和应用进程。家畜精液冷冻保存技术的另一个用途是遗传资源保护(即"精子库"),主要用于我国地方猪遗传资源的保护。2019 年 6 月起,为有效应对非洲猪瘟疫情对地方猪遗传资源的威胁,我国全面启动了国家级地方猪遗传材料采集保存工作,全面采集地方猪精液并以冷冻精液的形式收入国家级家畜基因库长期保存。

1.2.6.6 低密度输精技术

目前国内输精使用的精液密度最常见的为 30 亿～40 亿/80 mL(0.375 亿～0.5 亿/mL),若能将精子密度降低 0.1 亿/mL,则同等输精液量的前提下,每头公猪即可增产 20%～40%,从而大大提高优秀公猪的利用率和覆盖面,与此同时加快了对商品猪群的改良速度,降低了公猪的饲养管理成本,能为猪场带来更大的经济效益。但精子密度过低可能会导致母猪配种失败,或影响精液的保存效果。

2003 年,广东华农温氏食品畜牧股份有限公司开展了不同精子密度对母猪繁殖性能的研究,研究表明 0.4 亿/mL 和 0.3 亿/mL 的精子密度对母猪的配种分娩率、窝均总产仔数和窝均产活仔数影响不大,差异不显著($P>0.05$),但在精液保存方面,0.3 亿/mL 的精子密度有效保存时间仅为 8～18 h。综合考虑,0.4 亿/mL 精子密度对于大群生产最为适用。

2019 年,广西贵港秀博基因科技有限公司组织开展不同有效精子数的深部输精技术对母猪繁殖性能的影响研究，研究表明猪精子密度为30亿/80 mL、20亿/80 mL、15亿/80 mL、12亿/80 mL时与长大、大长二元杂母猪受孕率、分娩率、窝均产总仔数、窝均产活仔数均无显著相关。综合考虑生产指标和经济效益，在同等人工授精技术水平下，建议生产中可采用15亿～20亿/80 mL密度精液进行人工深部输精。

1.2.6.7　子宫深部输精技术

子宫深部输精技术，即在常规输精管的基础上，内部加入一支细的和半软的、长度为15～20 cm的导管，能够延伸以通过子宫颈皱褶进入子宫体，使精液不用经过子宫颈直接到达子宫的输精方法。传统的子宫颈输精将精液输送到子宫颈第2～3个皱褶处，而子宫深部输精可直接将精液输送到子宫体，可缩短精液到达受精部位的时间且大大降低精液中大量精子受子宫颈白细胞攻击造成的死亡。因此，子宫深部输精只需子宫颈输精的一半精液量或更低的精液密度即可保证受胎率和产仔数。研究表明，子宫深部输精使用40 mL精液量，精液中保证有效精子数10亿以上，即可达到与子宫颈输精法相同的效果。

子宫深部输精大大减少精液使用量，提高优良种公猪的利用率，加快品种改良进程，此外，较少精液量可节约输精时间，减少精液回流，对母猪发情还有一定鉴定作用，其诸多优势使得其在生产上普及很快。子宫深部输精技术难度较高，操作更烦琐，要求技术人员需要更多耐心并严格执行操作规程，否则操作不当容易造成母猪生殖道损伤。

1.2.7　社会化供精快速发展

社会化供精是指在市场经济条件下，由具备一定条件的种公猪站向规模猪场（养猪户）提供的，以优质种猪精液为载体的持续基因改良综合解决方案。社会化供精的前提是供需双方的相互信任，信任的基础是社会化种公猪站种公猪性能优良、精液安全、品质稳定和服务周到，信任的路径是精液产品的物流链、服务的信息链、生产的价值链之间形成完整的闭环，达到实现持续基因改良增值的目的。

20世纪，由于受到保存与运输条件的限制，精液长距离运输局限性很大，使得猪人工授精技术只限于场内或周围1 000～2 000 m为主的场间进行，效率与效益很不明显，可以说那时的种公猪站还只是养猪场的一个附属车间，不具备专业性和商业性。21世纪初，随着精液保存技术发展与运输条件改进，饲养有10头以上的小型种公猪站开始大规模兴起，人工授精技术普及率高的地区出现了饲养几十头、上百头公猪的较大规模的种公猪站，种公猪站的专业性和独立性程度也有了较大提升，人工授精技术优势得到了充分的体现，也创造了较好的经济效益和社会效益。近年来，随着养猪业规模化、集约化、专业化程度的提高，人工授精新技术、新设备、新产品的推广应用，养猪场对更加安全、更高效率、更高品质和更加便利的高端社会化供精提出了更高、更广泛的需求。一批专业的社会化供精企业应运而生，投入大量资金、技术、人才等资源，建设高标准公猪站，引进先进生产工艺和设备，组建专业的运营管理团队，更好地服务养猪业，促进了我国社会化供精的快速发展。

1.3 我国猪人工授精技术推广中存在的问题及对策

近年来，我国猪人工授精技术发展较快，取得了不错的成绩，但在推广过程中，还存在一些问题，本节内容总结当前存在的问题，并提出了建议及对策，以期为我国人工授精技术的进一步发展提供思路。

1.3.1 存在的问题

1.3.1.1 公猪站选址布局不合理

部分种公猪站选址不科学，临近主要交通要道、村镇居民区、河流湖泊建设，甚至建在村镇内部或被村镇包围，距其他畜禽养殖场区、母猪区较近，达不到环境保护和卫生防疫要求。一些地区种公猪站建设分布不平衡，周边辐射范围较大，现有种公猪站和种公猪数量难以满足区域养殖场户需求。多数种公猪站站内功能分区不明显，各区没有设置防疫隔离带，净道与污道不能做到完全分离，没有设置独立采精室、兽医室及档案室的情况普遍存在，多数种公猪站实验室没有设置缓冲间，采精室和精液处理室面积较小，相对分区不合理，采精室与精液处理室之间没有设置精液传递窗或设施简陋，达不到相对隔离要求。

1.3.1.2 设施设备不配套

部分种公猪站门口及功能区入口没有设置消毒防疫设施或设施不能正常使用，粪污处理设施不健全、不配套。采精室设施简单，采精架不消毒或无法做到消毒的情况较多，没有设置人员安全区域、温控设施的情况普遍存在。精液处理室设施简陋，设备陈旧老化问题依然存在，有的使用破旧桌子代替实验台，通风设施、精子密度检测仪、显微镜、磁力搅拌器、双蒸水器、移液器等主要仪器设备不健全或设备老化不能正常使用，部分关键仪器设备有而不用、不会使用的现象普遍存在。有些猪场精液运输时无缓冲设施，无专门的保温设备。

1.3.1.3 种公猪及其常温精液产品质量不高

部分种公猪站种公猪血统来源、系谱信息、性能测定记录不清楚。有的种公猪站虽能提供相关系谱资料，但信息不全，没有性能测定成绩或不符合品种标准要求。多数种公猪站人员凭感官或经验选购种公猪，不知道如何分析系谱及性能测定成绩资料，有的种公猪站公猪没有耳号，利用年限过长，饲养管理粗放，没有定期进行血清学检测。从近几年开展种公猪常温精液产品质量抽检、种公猪站自发送检检测结果分析，对照《种猪常温精液》（GB 23238—2021）国家标准，种公猪常温精液产品每剂量中直线前进运动精子数、有效期精子活力等关键指标不达标准情况时有发生，有时偏离标准较大，有的常温精液产品每剂量中直线前进运动精子数不足10亿个，有的精子畸形率高达30％以上，有的有效精子活力低于50％等，种公猪常温精液产品质量不稳定情况普遍存在。

1.3.1.4 生产操作不科学

多数种公猪站专业技术人员无菌意识淡薄，不穿工作服、不戴无菌手套及口罩的现象普遍存在，实验操作随意性较大，精液产品存在污染隐患。有的种公猪站缺乏专职专业技术人员，存在身兼数职以及无证上岗现象。有的种公猪站公猪采精前不进行消毒程序或采取不正确的清洗消毒方式，缺乏采精频率意识，采精器械不进行预热程序。有的种公猪站精液采集、稀释、分装等器具不进行消毒或消毒不彻底。有的种公猪站稀释液不用双蒸水，不用或不会使用精子密度仪，精液稀释比例凭经验或感觉确定，精液稀释方法、分装、保存等关键环节操作不规范现象普遍存在。多数猪场在输精环节，大多按照了解的大概流程进行操作，没有严格按照操作规程实施，如配种前没有进行精液检测、消毒不够彻底、卫生条件较差、输精方式不对、未掌握好母猪的发情排卵时间、未做到适时配种等，这些都显著影响人工授精的效果。

1.3.1.5 档案管理不规范

种公猪站普遍存在档案记录不完整、管理不规范的问题。有的没有制定相关生产制度或虽制定但没有严格执行。多数种公猪站精液生产和精液检测记录填写不完整、不规范，精子密度和精子畸形率等关键指标未填写或填写不规范、不真实，生产中因仪器不会使用或因程序烦琐不愿检测现象普遍存在。有的常温精液产品标识填写不完整、不规范，甚至不管精液产品检测结果如何，均事先制作并使用一样的产品标识。多数种公猪站没有建立配种繁殖记录或记录不完善，档案资料管理混乱，没有进行分类归档或设置专用档案柜，难以做到可追溯。

1.3.2 建议及对策

1.3.2.1 合理规划布局种公猪站建设

根据生猪产业发展需求，原则上以县（市、区）为主规划布局种公猪站建设，完善人工授精体系。在种公猪站建设滞后县（市、区）利用生猪大县资金、标准化项目资金等，以撬动引导社会资本投入为主，建设一批标准化种公猪站，提升生猪人工授精覆盖面；在种公猪站数量多、规模小、基础差的县（市、区）通过兼并重组等手段促进种公猪站整合，减少数量，提升水平，把生猪良种补贴项目县供精单位逐步整合规范到 3 家左右。依托大型种猪育种企业建设高标准区域性种公猪站，完善育种体系，为生猪遗传改良提供支撑。

1.3.2.2 严格种公猪站选址及分区

种公猪站尽量做到独立建设，选址要远离交通要道、河流湖泊、村镇居民区等，地形平坦，背风向阳，水电配套。种公猪站生产区、生产辅助区和办公区三个功能区相对独立，生产区与办公区有适当间距，并设置防疫隔离带。生产区按生产流程依次建设后备公猪舍、种公猪舍、采精室、精液生产室等，建筑及设计符合有关国家标准和规程要求；后备公猪舍与种公猪舍有一定间距，采精室与精液生产室相邻，公猪舍与采精室之间有专用通道，各功能区入口处应设消毒设施，站内做到净道与污道分离。种猪场公猪站对外服务的，公猪站必须相对独立成区，对外服务区域与猪场生产区隔断。

1.3.2.3 完善设施设备

种公猪站应配备公猪饲养、精液生产、产品检验、疫病防控以及粪污处理等设施设备，公猪舍要求配备相应的保暖、降温、通风换气设施，公猪单栏饲养，有独立的食槽和自动饮水器，有足够的圈舍面积。采精室内设人员安全隔离区，配备采精台及防滑、温控设施。精液处理室地面、墙壁、门窗、实验台等应为耐腐蚀且易清洁材料，配备消毒、温控及通风设施设备，确保无菌环境。购置配备相差显微镜、精子密度检测仪、移液器等精液生产检验关键仪器设备，以及常温精液产品贮存柜、精液保存运输箱等精液储运工具，以充分满足精液产品生产检验、储运需求。

1.3.2.4 提升种公猪质量和饲养管理水平

种公猪质量的好坏决定精液遗传品质的优劣，直接影响其后代的生产性能和效益，只有优质种公猪才能充分发挥生猪遗传改良效力。种公猪站存栏采精公猪逐步提升到 50 头以上，种公猪要求来源于取得省级以上《种畜禽生产经营许可证》的种猪场或引进国外种猪，存栏公猪应当具有完整的生产性能测定记录，遗传评估优良，育种指数在 110 以上。采精公猪定期免疫、驱虫并开展疫病检测和常温精液产品质量送检，确保种公猪及其常温精液产品质量合格，加强种公猪的饲养管理，合理确定采精频率，每周采精次数不超过 3 次，提高种公猪精液产品质量。种公猪的使用年限一般为 2～3 年，精液出现异常情况，要停止采精并查找原因，及时解决。种公猪感染了传染性疫病以后要立即淘汰，以避免疫病经配种传播。

1.3.2.5 加强生产和人员技术管理

制定完善种公猪饲养管理、疫病防控、精液生产、精液质量检测、母猪发情鉴定、适时输精等技术规程，做到“制度上墙”并严格执行。建立种公猪饲养管理记录、精液生产记录、配种繁殖记录等档案，填写完整、准确，管理规范，及时进行质量追溯和统计分析。严格种公猪站技术人员管理，技术负责人必须具有畜牧兽医专业学历或中级以上专业技术职称，经过专业培训并取得相关职业资格证书，各地要结合区域内种公猪站运行实际和发展需求，加大种公猪站精液产品生产和质量检测等技术培训力度，开展职业技能鉴定，提升从业人员技术水平，适时开展种公猪站种公猪及其精液产品质量抽检，确保种公猪站公猪及其精液产品质量合格。定期对人工授精技术人员和养猪场户进行培训，不断提高从业人员的技术水平，提高猪人工授精效力的发挥，提升生猪养殖效益。

1.3.2.6 加强监管，保障市场经营秩序

种畜禽行政管理部门根据各自职责，加强对无证经营、种猪质量不合格、精液质量不达标的供精站的严厉打击。对种公猪站进行随机检查，对环保不达标、设施设备不齐全、防疫措施不得当、精液生产人员无证上岗等问题要限期整改，合格后方可继续从事生产经营。积极营造全社会共同关注的舆论氛围，逐步形成依法经营、健康有序的市场经营秩序。

思考题

1. 简述猪人工授精的重要意义。
2. 国内猪人工授精技术发展经历了几个阶段？
3. 子宫深部输精技术有哪些优势？

第2章

猪人工授精技术流程概要

【本章提要】猪人工授精技术是一项涵盖了多种学科知识的综合应用技术，涉及动物繁殖学、动物行为学、细胞生物学、生物化学、微生物学、农业机械等方面知识，是一门相对复杂的应用技术。随着猪人工授精技术的不断发展与应用，我国生猪产业产能有了大幅度提升，但与养猪发达国家相比仍然存在不小的差距。究其原因主要体现在发展水平有待进一步提高，流程有待进一步优化，关键技术有待进一步提升，设施设备有待进一步升级。本章主要从猪的精液采集、品质检测、稀释分装、保存运输、输精配种等环节进行了系统阐述，可为猪场进行猪精生产提供参考。

2.1 猪人工授精一般流程

在整个猪人工授精技术流程中，最为核心的问题是对“精子”和“卵子”的处理。这两种细胞本身的结构和功能比较复杂，目前尚未完全破译它们的代谢规律。因此，我们需制定一系列的操作流程和技术流程，其目的主要是保证精子和卵子的活性，确保它们在最佳时间相遇，从而提高猪场的繁殖效率。

猪人工授精技术流程一般包括精液采集、精液制作、精液分装运输、输精 4 个步骤。

精液采集一般又可分为公猪转移、公猪卫生处理、采精等过程。

精液制作又可分为稀释液制作、精液质量检测、精子数量检测、稀释等过程。

输精又可分为查情、母猪卫生处理、插入输精管、输入精液等过程。

各猪场需要根据自己的规模大小和实际情况来安排人工授精的流程。因为部分猪场在设备配套和知识储备方面不完备，在公猪管理、精液采集、精液制作方面不够规范，所以在猪场内不一定需要自己进行精液采集和精液制作，直接购买合格的商品精液，更有助于提高繁殖效率。部分猪场饲养了公猪，但实验室管理不规范，也可以不用自己制作稀释液，直接购买商品液体稀释液，简化流程。

2.2　精液采集

简单来说，精液采集就是收集公猪精液的过程。对公猪精液采集过程加以规范化操作是确保精液品质的基础，很多猪场在生产实践中往往忽略了这一关键环节。精液品质的优劣和很多因素相关，如品种、季节、年龄、环境等。在猪品种、年龄、季节固定的前提下，精液采集的环境对精液品质影响尤为重要。当公猪处在紧张、嘈杂、恐惧、愤怒的状态下进行精液采集时，公猪身体机能会发生一系列变化，所采集到的精液与正常情况下采集到的精液相比在理化指标方面存在一定差异，严重影响猪精液品质。因此，要保证精液采集过程中为公猪提供一个安静的环境，确保公猪心情愉悦，顺利采精。

精液采集过程中对卫生的要求比较高，要求采精人员戴上专用手套(图 2-1)。一旦有较多的细菌进入到精液里面，稀释液中的抗生素不能杀灭所有的细菌，残留的细菌就会快速繁殖，有些细菌 20 min 就能繁殖一代，细菌在繁殖过程中会产生酸和气体，改变精子的生存环境，降低精液品质。所以，在精液采集过程中，公猪的清洁、采精人员手部的卫生、采精杯的卫生都需要高度重视，同时在采精的时候，要通过各种办法避免公猪身体上的灰尘和细菌进入精液，减少污染。

图 2-1　猪的精液采集

2.3 精液品质检查

对于常温猪精的生产与保存,中华人民共和国国家标准《猪常温精液生产与保存技术规范》(GB/T 25172—2020)和《种猪常温精液》(GB 23238—2021)对原精液质量及种猪常温精液质量做出了具体要求(表 2-1 和表 2-2)。

表 2-1 原精液质量要求

编号	项目	指标
1	外观	呈乳白色,均匀一致
2	气味	略带腥味,无异味
3	采精量/mL	≥100
4	精子活力/%	≥70
5	精子密度/(10^8 个/mL)	≥1
6	精子畸形率/%	≤20

表 2-2 种猪常温精液质量要求

项目	受体为引入品种、培育品种		受体为地方品种
	常规输精	深部输精	
剂量/mL	≥80.0	≥60.0	≥40.0
精子活力/%	≥60.0	≥60.0	≥60.0
前向运动精子数/(10^8 个/mL)	≥18.0	≥12.0	≥10.0
精子畸形率/%	≤20.0	≤20.0	≤20.0

原精的采精量和密度是反映公猪精液生产量的指标,公猪精液的采精量一般为 150～300 mL,密度为 2 亿～6 亿个/mL,但这两项指标容易受到采精人员对精液取舍的影响,在实际生产中,我们可以将这两项相乘,得到的结果是一次采精的总精子数,一次采精的总精子数如果少于 100 亿个,说明公猪是有问题的,采集的精液也需要舍弃。

过去检测密度的设备是分光光度计,分光光度计采用一个可以产生多个波长的光源,通过系列分光装置,从而产生特定波长的光源,光线透过精液的样品后,部分光线被吸收,计算样品的吸光值,从而转化成精液的浓度。近几年利用精液分析仪检测密度的方法也很常见。精液分析仪是通过显微镜下摄像和计算机快速分析多个视野内精子数量,从而计算出精液密度。相对于分光光度计,这种检测方法更加准确。

精子的活力是指直线运动的精子占所有精子的比例，是评价精液质量的主要指标。目前对这一指标还存在较多的争论。有人主张将精子简单地分为前向运动精子和非前向运动精子，前向运动精子所占的比例就是活力。这样有利于现场操作人员进行判断。也有人认为前向运动精子中，只有达到一定运动速率的精子才有受精能力，因此，只能通过精子分析仪来判断精子的活力，通过肉眼是无法判断的。

以往公猪站精液活力判定主要是利用普通光学显微镜，通过肉眼观察进行评估，准确性受操作人员技术水平的影响很大，操作人员需要接受一定的专业培训后才能上岗。近年来，很多规模猪场和公猪站开始广泛应用自动评估精子活力的设备，降低了检测人员技术水平对精子活力判断的影响，显著提升了精子活力判断的准确性和精确性。

精子畸形率是指畸形精子占所有精子的比例，也是评价精液质量的主要指标。畸形精子的类型主要有尾部畸形、头部畸形和原生质小滴(图 2-2)。尾部畸形主要是精子尾部的折叠、卷曲、断裂，头部畸形主要是顶体的移位、脱落。精子的尾部畸形和原生质小滴通过普通的光学显微镜 400 倍放大就能检测，该检测的前提是精子死亡后才能检测，一般公猪站和规模猪场都能应用该技术；头部畸形需要借助荧光显微镜，并将精子进行荧光染色才能检测，一般的公猪站和猪场没有条件检测这项指标。

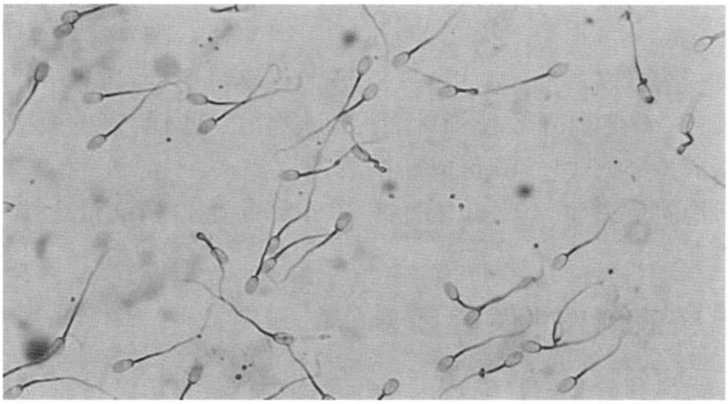

图 2-2　畸形精子

精液保存期不仅是精子贮存后能否使用的依据，也是精液质量的主要评价指标。公猪的精液如果不能贮存到 72 h 以上，说明公猪精液在质量上是存在问题的，但这些问题并没有表现在活力和畸形率上，而是表现在其他我们没有检测的指标上。如果一头公猪的精液能够保存 72 h 以上，相对于一头精液只能保存 24 h 的公猪，能产生更好的繁殖效果。

2.4 精液稀释、分装

生产高质量商品猪精需要关注的环节很多，而规范猪精液稀释过程是生产高质量商品猪精的重要环节。在猪精稀释过程中要保证物品、人员、设施、场地等卫生达标，降低被污染风险。猪精稀释过程中涉及多次稀释，每次稀释后及分装前都要进行精子活力测定，同时要避免稀释、分装过程中大幅度震荡，确保精子活力。

2.4.1 精液制作原理和计算

精液的稀释是指在公猪原精中加入一定量稀释液，将高浓度的原精变成低浓度的成品精液的过程。精液的分装是指将稀释后的精液按照一定剂量分装到输精瓶或输精袋的过程。这个剂量一般固定为 80～100 mL（普通输精）或 40～60 mL（深部输精）。

加入稀释液的体积需要进行简单的计算。如果 1 头公猪的采精量为 200 mL，密度为 4 亿个/mL，活力为 90%，畸形率为 20%，每份商品精液剂量是 80 mL，要求每份商品精液有效精子数是 20 亿个，那么可以制造的商品精液的份数为：

$$200\times4\times90\%\times(1-20\%)\div20\approx28\text{（份）}$$

需要加入的稀释液的体积为：

$$80\times28-200=2\,040\ \text{(mL)}$$

公猪射精一次可以产生 300 亿～900 亿个有效精子，而通过人工授精，每次输精只需要 10 亿～20 亿个有效精子就能达到与本交等同的繁殖效率。所以，我们能够将 1 份原精稀释成 10～40 份成品精液。

输精的剂量固定为 40 mL、60 mL 或 80 mL，每个输精剂量含 10 亿～20 亿个及以上有效精子。

2.4.2 精液制作中关键因素

在精液的稀释和分装过程中，为了保证精液品质，我们要在每个环节注意保护精子，不要让精子受到较大的应激和伤害。精子是动物体内最复杂的细胞之一，容易受到外界环境因素的影响。

稀释和分装的操作过程中，影响精子的第一个因素是温度。温度可以影响精细胞各种酶的活性，精子对温度的变化非常敏感。总的原则是凡是接触精液的物品，都要尽量保持和精液一样的温度，而且要尽量避免温度的快速变化。比如采精杯、稀释液、输精瓶等接触精液时，我们都需要考虑它们的温度是否和精液的温度一致。

影响精子的第二个因素是 pH 和渗透压。稀释液渗透压会导致精细胞膨胀或萎缩从而伤害精子，pH 会影响精子的能量代谢，当大量的稀释液加入精液中时，精子所处环境中的 pH 和渗透压会发生变化，精子因为来不及适应就会受到影响。所以，我们需要选择适当的稀释液，规范地制作稀释液，还要适当控制稀释液的加入速度。

影响精子的第三个因素是卫生，在操作过程中要尽量避免灰尘和细菌进入精液中，凡是能和精液接触的材料都要用一次性物品，同时实验室的卫生管理也非常重要。

在精液稀释和分装过程中常用到的仪器是磁力搅拌器和精液灌装机。磁力搅拌器主要用来搅拌稀释液，稀释液制作过程中需要搅拌和静置才能让 pH 和渗透压变得稳定。现在市场上的磁力搅拌器规格 1～100 L 的都有，各猪场可以根据规模选择。精液灌装机主要用来将稀释后的精液分装到输精瓶和输精袋中，灌装机也有很多类别，有手动的、半自动的、全自动的，在分装效率上有比较大的差别，手动灌装机每小时能灌装 200 份左右，全自动灌装机每小时能灌装 1 000 份左右。

2.5 保存与运输

有了合理的制作工艺流程，制作好的成品精液一般可以保存 3 d，甚至可达 10 d。精液能够保存 3 d 以上，在实际生产中有着重要的意义，可以更加充分地利用优秀公猪，可以为批次生产在短时间提供充足的精液，可以进行异地运输精液。

由于原精质量的差异，在一个较大的公猪群体中有 10%～20%的公猪精液不能保存 3 d 以上，也是正常情况。但如果大部分公猪的精液都不能保存 3 d，则是生产中存在的重大质量问题。这样的情况在生产中经常发生，往往是由在公猪管理、生产工艺、耗材采购中的某一个环节出现了纰漏所致，需要仔细分析研究。

精液的温度处于 15～20 ℃的时候，精细胞代谢活动减弱，精子进入休眠状态。当温度低于 15 ℃时，精液的正常代谢活动会受到干扰；当温度高于 20 ℃时，精子不能很好地进入休眠状态。所以精液的保存和运输中最适宜的温度是(17±1) ℃。

通常将制作好的成品精液保存在 17 ℃的恒温冰箱中，每天翻动精液防止精子堆集造成局部缺氧。保存精液的恒温冰箱一般由普通冰箱改装而成，在普通冰箱内加入制热系统和温控系统，温度能够稳定在(17±1) ℃。精液运输的设备有车载恒温运输箱(图 2-3)，它带有车载电源，能控制箱内温度在 15～20 ℃，适合精液的长距离运输。在泡沫箱中加入特定的温度缓冲剂，也能起到满意的保温效果。

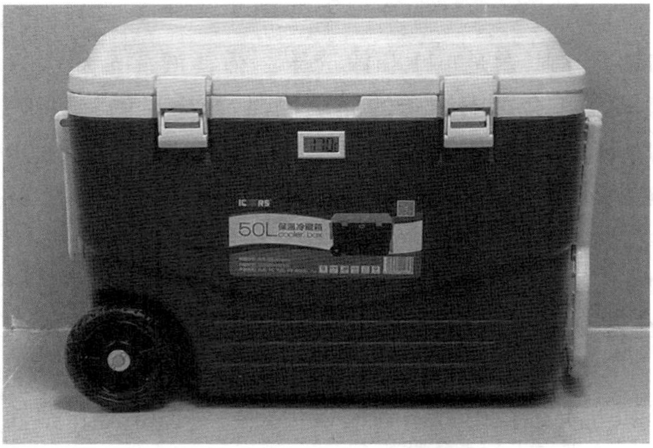

图 2-3　车载恒温运输箱

2.6　输精

猪的输精是指将稀释好的合格猪精通过器械输入适配母猪生殖道内，输精质量是保证高配种分娩率的前提。根据使用输精器械的不同，输精可以分为常规输精和深部输精。输精前需通过查情找出适配母猪，由专人通过输精器械将合格的猪精输入适配母猪的生殖道内，输精过程中要做好适配母猪的卫生管理，降低生殖道感染风险，提高输精成功率。

2.6.1　查情

输精之前需要检查母猪是否发情，查情的作用就相当于挑选最合适的节气在土地上种庄稼，如果节气选错了就会颗粒无收。在有查情公猪的猪场，通常通过观察待查情母猪是否有静立反射来确定母猪是否发情。表面上我们检查的是静立反射，实际上是在确定母猪排卵的大致时间。因为母猪的静立反射和排卵之间的关联性非常强，经产母猪通常在进入静立反射 36～40 h 后排卵，后备母猪排卵时间会更早一点。母猪的排卵大致时间确定了，才可以进行适时输精。

规模猪场查情过程中有公猪在场时，母猪是否出现静立反射，是判断母猪能否配种的唯一标准。这一点是有争议的，争议的焦点在于“隐性发情”的母猪，这样的母猪没有明显的发情表现，但是如果输精，有一定比例的母猪也能配种受孕。这种“隐性发情”是母猪异常发情的一种，解决“隐性发情”问题的方法是弄清楚出现异常的原因。实践证明，通过改善母猪的饲养管理，能够将“隐性发情”的比例控制在可以忽略不计的范围内。

在规模猪场，查情一般需要一头合适的公猪配合。非洲猪瘟疫情出现以后，很多猪场利用公猪气味剂来代替公猪查情，降低了公猪查情走动带来的病毒传播风险。

2.6.2　输精

输精是通过输精管将精液送达母猪子宫颈或子宫体的过程。这一过程中首先要确认输送的精液是有效的，需要检查精液的品质。其次要保证在操作过程中不要损伤母猪生殖道的黏膜，不伤害母猪，以免引起炎症。

母猪在发情前期和发情中期，子宫的蠕动方向是不一样的。发情前期子宫蠕动会产生一个由内向外的推力，会排出生殖道内的一些脏物质。发情期内子宫的蠕动会产生一个由外向内的推力，能够将精液吸入子宫深处。在输精的时候，充分利用这种“吸力”，可以保证输精过程的顺利进行。

输精常用的器械是普通输精管（图 2-4）和深部输精管（图 2-5），均为一次性使用产品。普通输精管顶端有泡沫头或海绵头，柔软且有弹性，可以保护母猪黏膜，能够将精液送至母猪子宫颈口；深部输精是在普通输精管的基础上增加了一根内管，外管插入子宫颈口后，纤细的内管还能继续插入 10～15 cm，输精时通过内管输送精液，可以将精液送达子宫体位置。由于深部输精进入的位置更加深入，减少了精子在子宫颈部位的损耗和精液的倒流，所以深部输精只需要普通输精有效精子数的一半，可以更加充分地利用优秀公猪。

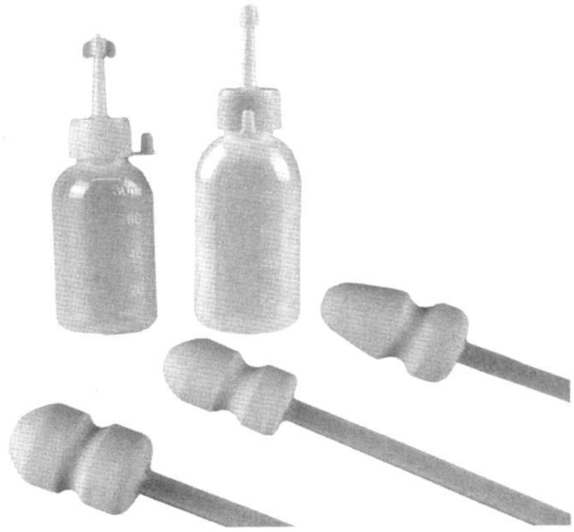

图 2-4　普通输精管

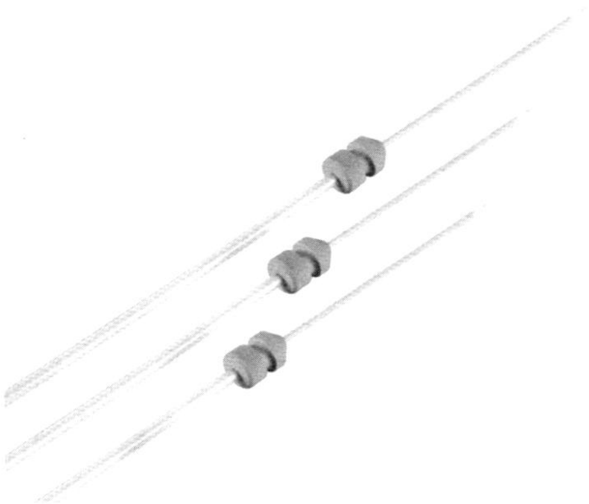

图 2-5　深部输精管

市场上还有螺旋头式输精管，也有可以多次使用的橡胶输精管，由于不够便捷和卫生，已经很少有人使用了。

输精的容器常见的有输精瓶和输精袋（二维码 2-1）。在精液保存过程中，输精袋中的精子沉淀后分布的面积相对于输精瓶更大，精子不容易发生堆集，有更丰富的营养和氧气，对精液的保存更有优势；在大规模的公猪站，输精袋可以配合全自

二维码 2-1　不同类型的输精袋

动灌装机实行自动灌装，分装的效率更高；在输精的时候，输精袋中的精液可以被母猪完全吸收，不需要人挤压精液，操作上比输精瓶更方便。

2.6.3　输精后母猪的管理

母猪输精后的管理要点是给母猪提供合适的营养，让母猪充分休息。经过了一个哺乳期后，各母猪的身体状况会很不相同，泌乳性能好的母猪身体会比较瘦弱，而泌乳性能差的母猪身体会比较强壮。两种母猪在配种后的营养需求也是不一样的，存在很大差异。对于瘦弱的母猪，需要提供更多的饲料和营养来恢复母猪的身体状况。

在实际生产中，技术人员通过肉眼观察来区分瘦弱和强壮的母猪，从而给予不同的饲喂量。这种方式由于受到母猪的品种品系、个人经验的影响，在判断的准确度上不能满足生产的要求。更好的办法是利用仪器来测定母猪的背膘厚度，通过背膘的厚度来判断母猪的瘦弱与强壮，再给予不同的饲喂量。

美国的养猪协会对美系母猪配种时的背膘厚度有明确的标准，要求母猪在配种前达到 16～18 mm 的背膘厚度。背膘测定的位置是最后肋骨处距离背中线 4～6 cm。母猪的背膘厚度在 14 mm 以下可以将母猪评价为瘦弱，背膘在 10 mm 以下可以将母猪评价为“极度瘦弱”。

瘦弱的母猪，在配种后的 60 d 内，每天需要提供约 3 kg 的饲料，才能使母猪的背膘恢复到标准体况；极度瘦弱的母猪需要更多的饲料才能恢复。根据母猪不同的背膘厚度提供不同的饲喂量和营养，这就是母猪配种后的精准饲喂。

猪场常用 A 超和 B 超来测量母猪的背膘。二者都是利用回声原理，但在测定效率和准确性方面，二者有很大的不同。B 超在测定背膘时，能够在显示屏上看到背膘的分界线，不会出现大的误差；新的测膘程序的开发也可以“一键测膘”，每头母猪的测定时间可以控制在 5 s 左右。

母猪在配种后会表现安静，动作轻缓。配种后的 4 周以内，精子卵子结合形成的受精卵发育成胚胎，胚胎附着并定植在母猪的子宫壁上。刚开始定植的胚胎和母体的联系还比较脆弱，母猪需要安静休息才能保证胚胎定植成功。在这段时间内不能进行大范围的调动和转移，也不能让母猪遭受比较大的应激和干扰。

2.7　妊娠诊断

母猪的早期妊娠诊断技术在规模猪场已经得到普遍应用。这项技术最大的好处是及时辨别配种后没有怀孕的母猪，并对这些母猪采取针对性的措施，让这些母猪再次进入发情配种，从而降低非生产天数。如果没有早期妊娠诊断技术，猪场很多的母猪直到过了预产期才能被发现没有怀孕，这些母猪的非生产天数是十分巨大的，1头母猪的非生产天数就相当于5～6头母猪返情的非生产天数。

平均每头母猪1年的非生产天数如果控制在40 d以内，母猪的年产胎次才能达到2.3胎以上。我国大部分猪场在控制非生产天数上还有很大的挖掘潜力。当然，控制好母猪的非生产天数，还需要提高母猪的分娩率、断奶发情率，降低母猪的返情率和淘汰率。

早期妊娠诊断常用的仪器是B超，B超能够将母猪的孕囊或胚胎的形状显现在屏幕上（图2-6）。以前也曾用A超来进行早期妊娠诊断，但受准确率的影响，现在已经淘汰了这种方法。

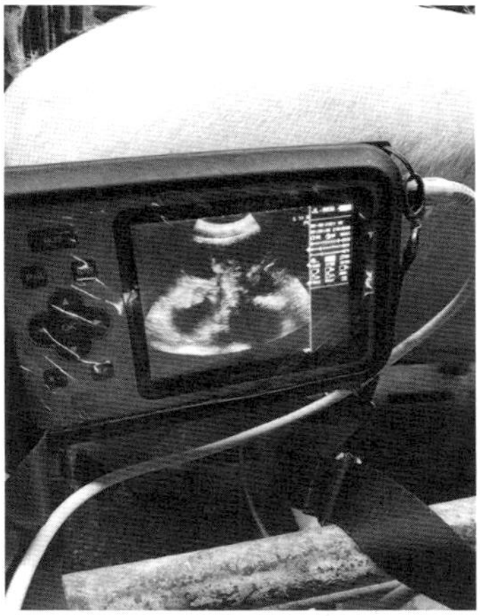

图2-6　妊娠测定图像

思考题

1. 简述猪人工授精技术的一般流程。
2. 在精液采集过程中需要注意的事项有哪些？
3. 在对猪的精液进行品质检测时，需要关注哪些指标及要求？
4. 在精液保存与运输过程中需要注意什么？

第3章

精液采集

【本章提要】规范公猪精液采集流程是生产高质量猪精的重要前提。公猪精液采集的方式有徒手法、器械法，无论采用哪种采集方式，都需要对公猪进行有效的调教，只有调教成功的公猪才能确保采精质量与人猪安全。本章从后备公猪的调教启用、采集公猪的计划安排与频率固定、采精器具的准备及采精室的日常管理布局、公猪精液收集的过程、采精后的卫生清洁和注意事项等方面进行详细介绍，以期为猪精生产相关人员提供参考。

3.1 后备公猪调教

后备公猪需要通过科学合理的调教驯化才能进入生产公猪阶段，后备公猪的调教方式因其自身情况存在一定的差异，但目的都是尽早将后备公猪调教成功进入精液生产阶段，提高公猪的利用率。

3.1.1 调教月龄

我们通过实验发现，10 月龄内的种公猪，调教成功率可达 90％以上，如果在 12～16 月龄调教，成功率只有 70％左右，也就是说调教要早一点好。但是需要注意的是，提早调教也是有限度的，后备公猪一般到了 4～5 月龄的时候开始性发育，过早开始采精会对猪的身体发育造成伤害，导致种公猪生育能力过早下降，所以要等到 6～8 月龄开始性成熟的时候调教效果最佳。这个阶段的种公猪正处于成熟阶段，接触新鲜事物比较快，好奇心也比较强，所以是最佳调教时间。种猪的调教关系到后期的采精工作，一定要把握好时机，如果错过最佳时机，将导致后期各项程序无法顺利开展。

所以我们要在后备公猪6～7月龄时进行前期的诱导和爬跨，7～8月龄时进行正式调教采精。调教时间一般选在上午8:00—11:00，或采精结束后，每次调教时间不超过15 min，每头猪每周调教次数不超过3次。3次调教不成功的可以暂停1～2周再继续调教，或者采用丙酸睾酮/氯前列腺素注射等特殊手段处理。

3.1.2 调教准备

物品准备：调教时事先准备采精手套、干净毛巾、擦手纸、集精袋（杯）、成年公猪的口水、尿液或其分泌物、诱情剂等。

调教栏准备：检查调教栏、假台猪固定是否牢固，假台猪高度调节到60 cm，在假台猪下方铺设防滑垫，假台猪上涂抹成年公猪精液、尿液或诱情剂。

后备公猪准备：首先挑选月龄超过8月龄或性欲旺盛的后备公猪，从品种结构上优先调教杜洛克公猪，这样可以提高调教成功率，降低后备公猪淘汰损失。

3.1.3 开始调教

3.1.3.1 直接法

将后备公猪赶至采精栏，通过人工抚摸、按摩，促进性欲，让其主动爬跨假台猪。此法方便简单，一般先采取此方法，但部分性欲差或无爬跨动作的公猪用此方法成功率较低。

3.1.3.2 观摩法

先将后备公猪放至采精栏旁边的栏圈让其观看其他公猪爬跨假台猪，促进其性欲，让其学习爬跨假台猪动作。此法主要针对性欲好但不爬跨或不会爬跨动作的公猪使用。

3.1.3.3 前赴后继法

此方法需要2～3人合作，先调教一头性欲好的公猪爬跨假台猪后，再将另一头公猪赶至采精栏让其近距离观看爬跨采精，第二头公猪会得到极大的刺激，也会表现出爬跨动作，此时应阻止其爬跨假台猪，而让第一头公猪射精完毕后再让其爬跨假台猪采精。接着，再赶第三头公猪按照同样方法操作。此方法调教公猪要注意人、猪安全。

3.1.3.4 气味法

用发情母猪尿液、公猪尿液或新鲜安全的废弃公猪精液洒在假台猪上，让后备公猪闻其气味，促进其性欲，然后调教其爬跨采精。或用发情母猪直接诱惑公猪，让其爬跨到极度兴奋，然后赶走发情母猪，诱导其爬跨假台猪。

3.1.3.5 药物法

对性欲极差的公猪采取肌内注射氯前列烯醇 2 mL 等激素提高其性欲，肌内注射 2 h 后开始调教。

调教公猪每天可进行 1～2 次，调教时间一般选在上午 8:00—11:00，或采精结束后，每次调教时间不超过 15 min。

3.1.4 调教基本流程

在对后备公猪进行调教时，必须为其提供一个专用的采精栏舍(图 3-1)，保持栏舍内安静，确保调教效果，基本流程如下。

①首先挤出公猪包皮中的积尿。

②清洁腹部、包皮部并用一次性纸巾擦拭干净。

③采精必须佩戴一次性手套。

④采精必须完全，直到公猪自己收回阴茎。

⑤强化训练，一旦爬跨假台猪成功，连续采精 2 次，间隔 5 d 再采精 1 次，连续采精 3 次视为成功调教。

⑥每次调教后需要填写调教记录表。

图 3-1 采精场地

3.2 采精频率确定及采精计划的制订

以单位时期内获得最多有效精子数为目标，根据公猪产精能力决定采精频率，尽量做到定点、定时和定人。

采精频率：年龄小于或等于 9 月龄，1 次/7 d；9～13 月龄，1 次/6 d；大于 13 月龄，1 次/5 d。

3.2.1　杜洛克公猪采精频率

对于成年杜洛克公猪来说，每间隔 3 d 采精 1 次。在整个采精阶段，精子密度、活力和总精子数等 3 个指标的变化趋势极其相似，总体上都呈现先上升后下降的变化趋势，且均在采精频率为 1 次/3 d 时达到最大。

3.2.2　长白公猪采精频率

成年长白种公猪的最佳采精频率至少要间隔 4 d 采精 1 次。采精频率与精液量、密度、活力和畸形率呈负相关趋势。24 月龄左右的长白种公猪，试验得出的最佳采精频率如下：精液量的最佳采精频率是 1 次/3 d，精子密度的最佳采精频率是 1 次/5 d，精子活力的最佳采精频率是 1 次/4 d，精子畸形率的最佳采精频率是 1 次/5 d。

3.2.3　大白公猪采精频率

成年大白种公猪的最佳采精频率至少要间隔 3 d 采精 1 次。各年龄段内的公猪采精间隔天数为 1 d 或 2 d 时精液品质较差；间隔 3 d 以上时，采精量和有效精子数均显著高于间隔 1 d 和 2 d；而间隔 3 d 以上组间的采精量及有效精子数差异不显著。各年龄段内的公猪采精间隔对精子密度和精子活力的影响不显著，但仍呈上升趋势。每次采精后采精人员都需要做好采精记录（表 3-1），便于精液追溯与公猪管理。

表 3-1　公猪采精记录表

日期	品种	耳号	爬跨时间	精液重量	密度	采精员	备注

3.3　采精前的准备

采精计划制订后，为保证精液质量和人、猪安全，每次采精前都要认真做好准备工作。

3.3.1　采精室准备

采精室的建设及布局：采精室一般建在公猪舍的一端，为独立的房间，内设可调采精架(假台猪),并固定在地面上,在假台猪后面或周围铺上橡胶防滑垫,防止公猪爬跨时打滑,采精室其余地面不应太光滑。

采精室内应无杂物,避免分散公猪注意力,同时应设置公猪不能进入的安全角,防止公猪伤及采精人员。假台猪、栏杆等材质应易清洁,且不可有锐利尖角、毛刺等,避免伤到公猪和采精人员。采精室内温度保持在 20～25 ℃。

3.3.2 待采精公猪

公猪采精一般要有待采区、采精区和返回区。公猪在进入采精区之前,可以先进入待采区进行采精前的休息和适应,待采区增加蹭痒刷或者淋浴喷头,必要时对公猪体表进行清洗;一头公猪进入采精栏(图 3-2)进行采精,另一头公猪进入待采区休息待命;采精后的公猪进入返回区休息,采精区被空出;在待采区的另一头公猪就可以进入采精区进行采精;如此循环,可以提高采精区的采精利用效率。

公猪进入待采区,可以先清洁体表,剪去公猪包皮部的长毛,清洗包皮,将公猪腹部消毒、冲洗干净并擦干。

图 3-2　采精栏

3.3.3 采精器械和检测设备

准备纸巾或消毒清洁的干纱布,备好已消毒的精液瓶或精液袋等。调试精液质检设备,将显微镜调节至合适焦距,打开显微镜载物台恒温板电源,预热载玻片和盖玻片。精子密度仪或精液质量分析系统提前打开,进行仪器自检和系统准备。

3.3.4 集精杯制备

平时存放集精杯要扣盖,使用时,先戴上无菌手套,将采精袋放入采精杯内,一手在杯口固定采精袋口，另一只手扩充采精袋与采精杯壁贴紧，再取 3 层过滤纸经过 2 次对折罩在杯口，并用橡皮筋固定采精袋口，然后轻轻盖好采精杯盖，放入 37 ℃ 恒温箱预热备用。

3.3.5 采精手套及其他准备

双手保持洁净干燥，以右手采精为例，右手先戴采精乳胶手套（采精有难度的可以戴 2 层应急备用），另外再戴 1 层 PE 手套（保护采精手套无污染），同时左手戴 2 层 PE 手套（排挤包皮内尿液用）。

驱赶公猪前，先确认待采公猪耳号及栏号，然后时刻检查采精栏门的开关状态（只有赶猪时开启，其他任何时间保持关闭），在公猪通往采精栏的走道上，要提前充分做好赶猪通道，确保人、猪安全。

3.3.6 自动采精设备的准备

①打开 37 ℃恒温箱，检查加热温度设置参数，并将其调整到 37 ℃。

②检查采精区自动采精架外围设备（打印机、数据接收盒、耳标枪）连接是否正常；网线是否连接，电源是否接通。

③打开自动采精架管理系统接收采精计划。

④连接操作手柄和气压控制柜。

⑤连接气管与假阴道。

⑥连接自动采精架空气压缩机和气压控制柜，打开空气压缩机气阀。

⑦接通自动采精架空气压缩机电源，并将空气压缩机开关打开到自动挡位。

⑧接通自动采精架气压控制柜电源，打开电源开关。

3.4 精液采集

精液采集一般包括挤尿和清洁体表、刺激公猪出鞭、导入与握紧、精液收集等几个环节。

3.4.1 挤尿和清洁体表

确定公猪正确爬跨后，采精员轻轻靠近，先按摩公猪包皮、排挤残尿液，挤出公猪包皮积尿后，用 0.1％高锰酸钾溶液清洗采精公猪腹部和包皮，再用温水清洗，纸巾擦干。待公猪伸出龟头后，再用干净毛巾轻轻快速擦拭。

3.4.2 刺激公猪出鞭

采精员一手持集精杯（内装一次性采精袋并覆盖一次性过滤纸，杯内 37 ℃），另一手戴双层消毒过的手套(内层乳胶手套、外层 PE 手套),按摩公猪包皮,刺激其爬跨假台猪。

3.4.3 导入与握紧

待公猪爬跨假台猪并伸出阴茎时,脱去右手的外层手套,右手掌握成空拳状使公猪阴茎导入其内,当公猪龟头从包皮口伸入空拳后,用中指、无名指、小指锁定公猪阴茎螺旋状龟头,顺其向前冲力将阴茎"S"状弯曲延直,握紧阴茎龟头防止其旋转,力度达到既不滑掉又不能握得过紧,用力不足则阴茎易脱手,用力过大则公猪射精受影响。龟头微露于拳心之外约 2 cm,用手指摩擦龟头部,刺激公猪性欲。

3.4.4 精液收集

公猪射精过程有 3 个阶段:第一阶段射出少量白色胶状液体,最初部分,5~10 mL,含有大量病菌、污染物,不可接入采精杯,随后可能出现的精清也可以适量废弃;第二阶段射出的是乳白色或灰白色液体,富含精子,主要收集这部分,公猪射精时间一般 10~20 min;最后射出的水样精液中精子数量较少及稀薄部分精液可以不收集,另外也要防止精液胶状物掉入采精杯里的采精袋内(图 3-3)。

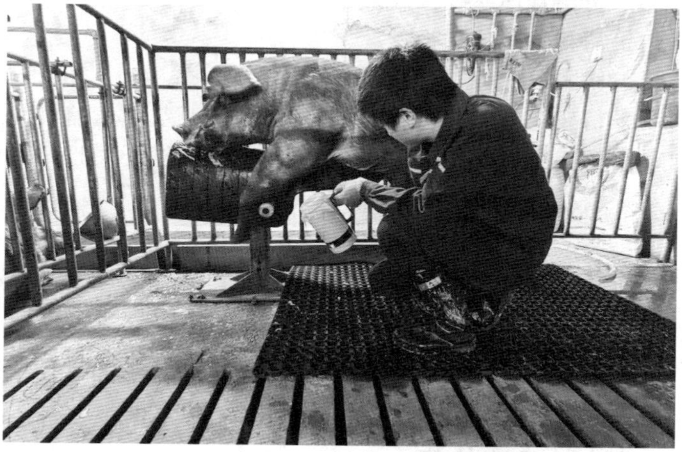

图 3-3 精液收集

3.4.5 收集结束

当公猪射精完毕后,阴茎会自动变软并逐渐收缩。或有公猪射完精,采精员不松手它就不从假台猪上下来,这时可以缓慢放手,直至公猪自己收缩。

3.4.6 精液传送

收集精液结束后，马上关闭采精门，及时把采精杯转移到安全洁净的传送台上，并小心取下杯口的过滤纸，弃去过滤出的胶状物，随手掩折采精袋口，防止灰尘落入。随后清洗消毒，擦干后放入收集好的精液袋，采精袋要排出空气、包扎严密。将公猪耳号标签贴于采精袋上，送入精液处理室或专用管道。

3.4.7 自动采精的精液收集流程

3.4.7.1 扫描打印采精标签

公猪进入采精区后，先使用耳标枪扫描员工胸牌，再扫描公猪电子耳标，耳标枪上显示"0"表示扫描成功；再将耳标枪对准数据接收盒扫描，把信息传递给计算机。计算机自动打印标签，核对打印出来的采精标签信息（猪的品种、耳号、栏号）是否与采精标签一致。

3.4.7.2 安装采精内胎

采精员戴上干净手套，按操作手柄松弛键，取干净采精内胎（橡皮筋端在上），从假阴道上端开口放入，将采精内胎橡皮筋端折叠并固定在假阴道上，按操作手柄松弛键让假阴道恢复自然状态备用。每采完一头猪就更换一个新的采精内胎。

3.4.7.3 诱导爬跨

性欲旺盛的公猪会自行爬跨假台猪，对性欲不好的公猪需要按摩，诱导公猪爬跨。

3.4.7.4 挤积尿，清洗包皮

公猪爬跨假台猪后，采精员戴双层手套挤干净公猪包皮憩室中的残尿，用纸巾将包皮部位擦拭干净（注意挤尿和擦拭包皮的方向，均为阴茎根部往尿道口）。

3.4.7.5 清洁阴茎和手

猪阴茎伸出后，脱去第一层（外层）手套，快速握住公猪阴茎并顺势牵引出，用无菌纸巾清洁阴茎龟头和采精员的手。

3.4.7.6 将公猪阴茎导入假阴道

采精员一只手握住公猪阴茎（虎口向上），另一只手握住采精操作手柄；公猪开始射精时，握住阴茎的手保持不动，将最初精清部分丢弃，待射出乳白色的液体时，另一只手按松弛键让假阴道完全张开，将张开的假阴道快速地套向阴茎，往上套的同时按夹紧键锁定公猪阴茎。握住阴茎的手利用拇指和食指卡住阴茎保持不动，另外 3 根手指迅速向一边翻开。导入阴茎的结果标准是：阴茎龟头漏出假阴道下

端 1～2 cm 为最佳。成功导入阴茎后，将假阴道从操作手柄上取出，固定到假台猪支架上，再按下保持键(节律收缩)。

3.4.7.7 精液收集

从 37 ℃恒温箱中取出集精袋，对折放到采精杯中，集精袋开口和假阴道下端连接，并将采精杯固定到杯架上，调整好位置确保公猪阴茎保持伸直。若阴毛太长，需要剪短。

3.4.7.8 传送精液到实验室

公猪射精完成后自动收回阴茎，从假台猪上下来。快速将采精杯连同假阴道一起取出，分离假阴道和采精杯，取出精液袋从易撕口分离精液袋和过滤网。然后将精液袋打结贴上对应的采精标签。将精液传回实验室，把贴好标签的猪精放到气动传输“传输瓶”内，再将“传输瓶”放到传送舱，按住传送键直到故障指示灯闪烁即可，“传输瓶”就会载着猪精快速传回实验室。未能及时传送的猪精，要放入 37 ℃ 恒温箱中暂存。

3.5 采精后管理

公猪采精之后的驱赶和卫生管理也很重要，如果操作不当，很可能影响下次正常采精。

3.5.1 猪只回栏

采精完毕后，应看着公猪安全跳下假台猪，接着先巡查采精公猪回栏圈的通道，是否堵截得当并附带安全检查。缓慢将公猪放出采精栏，尾随其后轻轻驱赶，直到公猪回到原来的栏圈(不可随意调换栏圈)。

采精完成较好的公猪可以给予少许饲料奖励，或者抚摸公猪颈后背部，用语言夸奖其工作表现很好。

3.5.2 采精区卫生清理

当天采精结束后，打扫采精工作区域，及时冲洗假台猪、采精栏、桌面、地面等，用肥皂清洗毛巾并漂洗干净，确保环境与采精工具干净、卫生。

①关闭采精区所有设备的电源和气阀，拔掉所有插头和网线。

②将假阴道和操作手柄取出。假阴道使用 1∶200 的卫可消毒水喷洒消毒，并用一次性无菌纸巾将污垢清洁干净、干燥。

③把采精手套、纸巾、集精袋等工具整理好并清理采精区，放入过道衣柜，为下次使用做好准备。

④清理采精区的固体垃圾，将垃圾分类，统一放到垃圾袋中并清理采精区。

⑤清理采精区的粪便，使用粪刮把所有粪便集中起来，再用粪桶集中清理到粪坑。

⑥清洗采精杯，并倒置晾干水滴。

⑦参考下面“五步法”冲洗采精区。

第一步：清洗采精区的墙面。

第二步：清洗假台猪，重点是固定采精杯和假阴道的支架，其次是假台猪底座。

第三步：清洗防滑垫，防滑垫清洗干净后放到待采区的栏片上（方便清洁干燥）。

第四步：清洗采精区地面和深坑地面，两人合作，一人用水管在前面冲洗，另一人用扫把在后面清扫。

第五步：使用1∶200的卫可消毒水对采精区域进行喷雾消毒。

3.6　公猪调教和精液采集过程中的常见问题及解决方案

在公猪采精过程中，难免会遇见一些公猪性欲低下、警戒心强等阻碍采精进程的问题。

3.6.1　调教过程中的注意事项

第一二次采精可能失败，但注意要保持公猪爬跨欲望，如果公猪没有性欲和爬跨意向，不要强求，耐心调教等待时机，不要打骂、强行采精，连续调教几次失败后且公猪表现出厌烦、无兴趣，应赶回栏圈，次日再调教，当公猪消除顾虑、熟悉环境后自然会爬跨射精。

在公猪很兴奋时，要注意公猪和采精员自己的安全，采精栏位必须设置有安全角。公猪爬跨后一定要进行采精，不然公猪很容易对假台猪失去兴趣。调教时，不能让2头或者2头以上公猪同时在一起，以免引起公猪打架等，从而影响调教效果和造成不必要的经济损失。

3.6.2　性欲低下公猪的解决方法

对于性欲低下的公猪，采精员一可以模仿母猪哼叫，诱导公猪；二可以抚摸捋挤公猪包皮，直接刺激公猪性欲；三可以赶一头温顺的公猪与待采精公猪隔栏亲密接触，采精公猪一旦激起性欲可以一触即发；四是激素类药物处理，此方法只适合特殊极端情况下使用。以上方法尝试持续1 h无效的，此头公猪采精终止，择日再采。

3.6.3 好奇心重及警戒心强的公猪应对办法

对于好奇心重及警戒心强的公猪，注意清空采精栏内除假台猪以外的所有物品，人员清场并控制噪声和异动，彻底消除公猪顾虑，并适当刺激公猪包皮及性欲，让公猪安心地爬上假台猪。

3.6.4 保证公猪射精过程的完整

公猪可能受各种原因影响突然收缩阴茎，甚至爬下假台猪，这时应耐心等待，公猪一般会再次射精，要注意二次收集。即使最后射出的精液不收集，也不要中止采精，不完整的射精会导致公猪产生自淫恶习、性欲降低、生殖器官异常、生殖疾病等问题，从而导致过早被淘汰。

思考题

1. 简述后备公猪调教基本流程。
2. 各阶段种公猪采精频率怎样安排？
3. 采精室的准备工作有哪些？
4. 怎样做好精液收集？
5. 公猪调教和精液采集过程中常见问题有哪些？

第4章

精液生产、贮存和运输

【本章提要】随着人工授精技术、社会化供精模式的推广与普及，猪精生产技术和规范操作的重要性愈加凸显。本章详细阐述常温精液生产的流程和关键控制要点，主要内容包括稀释液配制的要求和标准，传统显微镜检测、电脑辅助分析设备检验猪精品质的操作方法及优劣势对比，精液稀释的温度要求与稀释次序，手工精液分装与自动精液分装的操作方法和效率对比，精液贮存的条件要求和操作方法，精液分拣包装规范、运输方式选择及全程质量跟踪追溯，以期为从事猪精液生产的相关人员提供参考。

4.1　精液稀释液的配制

本节从稀释用水的制备、稀释粉的选择、稀释液配制环境、稀释液配制方式和使用前的检测各环节阐述稀释液配制的要求和标准（二维码 4-1）。

二维码 4-1　精液稀释前的准备

4.1.1　稀释用水的制备

精液稀释用水常用双蒸水，具备条件的公猪站或猪场可以使用超纯水。

双蒸水（distillation-distillation H_2O，ddH_2O）是指使用蒸馏设备，经过 2 次蒸馏冷凝制得的水，水中的无机盐、有机物、微生物、可溶解气体和挥发性杂质极低，且去除了热源。双蒸水使用无毒、无菌的玻璃或塑料容器密闭保存，保存使用时间不超过 3 d。双蒸水标准：电导率小于 0.1 μS/cm，pH 7.0，无微生物、矿物质和重金属。

超纯水(ultrapure water)又称高纯水,是指使用纯化设备将水中的导电介质几乎完全去除,并将水中不离解的胶体物质、气体及有机物均去除至很低程度的水。超纯水使用无菌、无毒的玻璃或塑料容器密闭保存,保存使用时间不超过 2 d。超纯水标准:电导率为 0 μS/cm,电阻率大于 18 MΩ · cm,pH 7.0,无微生物、矿物质和重金属。

4.1.2 稀释粉准备

4.1.2.1 稀释粉选择

保存时间:短效稀释液可保存 3 d,中效稀释液可保存 4～7 d,长效稀释液可保存 7～9 d,超长效稀释可保存 10 d 以上。包装剂量:1 L/袋、4 L/袋、5 L/袋、10 L/袋。稀释粉保存时间和包装剂量视实际生产需要而定。

4.1.2.2 稀释粉贮存条件

常规的稀释粉可置于阴凉、干燥、通风的室温环境保存。对保存温度有严格要求的稀释粉,需按保存温度要求贮存。

4.1.2.3 使用前检查

在稀释粉使用前,首先要查看稀释粉有效期,检查是否超出有效期;其次是触摸包装,检查内容物是否存在结块现象,出现结块则不能使用;最后,稀释粉在拆开包装前需要摇动稀释粉包装,防止稀释粉残留在包装袋边角,从而影响稀释液的有效性。

4.1.3 稀释液配制要求

稀释液配制环境温度为 20 ℃;稀释液需要提前 30 min 配制好,静置、平衡渗透压,等待使用前的 pH 检测。

4.1.4 稀释液配制方式

4.1.4.1 磁力搅拌+水浴锅加热模式

①操作人员佩戴无菌手套,从消毒柜取出不锈钢稀释桶和磁力搅拌子,把磁力搅拌子放入稀释桶内,再把稀释桶放置在电子秤上去皮或归零。

②向不锈钢稀释桶内加入超纯水或蒸馏水,稀释水量视生产需要而定,稀释水的液位最高不超过桶壁的 2/3(防止搅拌时液体溢出),再盖上桶盖。

③把装有超纯水或蒸馏水的不锈钢稀释桶放到磁力搅拌器上,把转速调整为 1 500～2 000 r/min,开始搅拌。

④打开 1/2 稀释桶桶盖,顺着水流动方向加入稀释粉,盖上桶盖继续搅拌

30 min。

⑤水浴锅内注入 1/2 容积的纯水，打开电源，温度设置 35 ℃，开始加热。

⑥从消毒柜取出玻璃烧杯，把搅拌好的稀释液加入烧杯，再将烧杯放到水浴锅中加热；最后从消毒柜取出温度计放到烧杯内监测稀释液温度。

4.1.4.2 一体化设备模式(全自动精液稀释桶)

①操作人员佩戴双层无菌手套，使用纸巾把稀释桶内壁擦拭干净、干燥。

②安装好连接稀释桶的电子秤，打开全自动精液稀释桶的电源，确保设备电源连接正常，脱掉第一层手套。

③从消毒柜中取出稀释桶专用塑料内袋，将内袋完全套在稀释桶内壁，再从消毒柜中取出搅拌子放在塑料内袋中央。

④从消毒柜中取出已经消毒的进液管、出液管、沉锥，安装、连接好进液管和出液管，盖好稀释桶盖，进液管一端连接到超纯水管或插入超纯水桶中。

⑤稀释桶去皮归零，手动输入需要加入超纯水量，设置稀释桶加热温度、搅拌子转速。

⑥点击“加水”后自动加水，直至加水完成，然后设备自动启动搅拌和预热。

⑦按稀释比例加入稀释粉，盖好桶盖，自动稀释搅拌 30 min，直到桶内温度达到设定温度。

4.1.5 稀释液静置、检测

稀释液搅拌均匀后需要静置 30 min，平衡稀释液渗透压。30 min 后使用移液器或吸管取 1 mL 稀释液滴在 pH 试纸上，30 s 后与比色卡进行颜色比对，确定稀释液的 pH(图 4-1)，pH 在正常范围内才能使用，反之则不能使用。

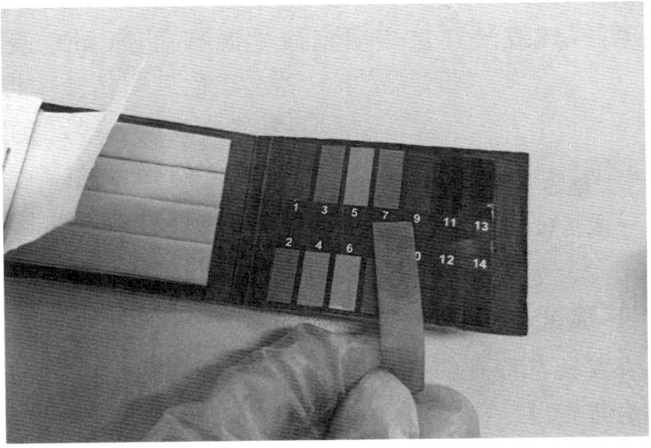

图 4-1 试纸检测稀释液 pH

4.2 精液品质检测

精液品质检测目的在于鉴定精液品质优劣，确保配种受胎能力，同时也可反映公猪饲养管理水平和生殖器官机能状态。精液品质检测主要包括感官检查和指标检测，感官检测主要检查原精量、颜色、气味、pH，指标检测主要检测精子密度、精子活力、精子畸形率等。精液品质检测从猪精原精、稀释后半成品精液及成品精液进行分段式质量检测。原精主要检测密度、活力、畸形率，确保原精质量合格；半成品精液主要检测活力、密度，保障成品精液质量稳定；成品精液检测主要检测活力，确保出库质量100%合格（二维码4-2）。

二维码 4-2 精液品质检测

4.2.1 原精液品质检测

4.2.1.1 原精量

原精量是指采集后未经稀释的精液量，一般使用电子秤称重，按1 g≈1 mL记录，采用四舍五入取数，记录整数。后备公猪的射精量一般为150～200 mL，成年公猪为200～600 mL。影响原精液量的因素有公猪品种、年龄、采精频率、温度、采精操作和饲养管理水平等。原精量标准：采精量≥100 mL，视为合格。

4.2.1.2 外观检查

精液外观检查主要是肉眼观察精液的色泽和混浊度（二维码4-3）。正常公猪精液为乳白色或浅灰白色，精液可见云雾状，精液乳白程度越浓，精子密度越大。

常见异常色泽：鲜红或淡红色表明精液中混有血液，黄色表明精液中混有尿液，绿色表明精液中混有化脓黏液。如果精液颜色异常，说明精液受到污染或公猪生殖道病变，凡发现精液颜色异常，均应丢弃不用，同时对公猪进行检查，然后对症治疗处理。

二维码 4-3 正常颜色猪精和异常颜色猪精

4.2.1.3 气味检查

正常公猪的精液具有特有的微腥味，有特殊臭味的精液一般混有尿液或其他异物，一旦发现，立即弃用。

正确的气味分辨方法：打开采精杯口或集精袋袋口，用手扇空气入鼻法判断精液气味是否异常（图4-2）。切忌直接把鼻子凑到采精杯口或集精袋袋口去闻。

图 4-2　分辨猪精气味

4.2.1.4　pH 测定

1. pH 试纸测定法

操作人员佩戴手套，把精液轻轻晃动 3～5 下，打开采精杯口或集精袋口，用试管或移液器取少量精液，滴到 pH 试纸上，等待 20～30 s，把附有精液的试纸与 pH 试纸颜色比色卡进行对比，以确定精液的 pH。正常精液的 pH 为 7.0～7.8。

2. pH 计测定法

(1)测定步骤

①取下 pH 计的保护套。

②使用蒸馏水或超纯水清洗 pH 计的电极，并用滤纸将电极擦干。

③接通位于电池仓上的开关。

④将 pH 计插入被测精液，直到精液浸到“浸没线”，条件允许，可使溶液浸到略高于“浸没线”的位置。

⑤轻轻地搅拌溶液并等待 2 min 左右。读取显示值，记录精液 pH。使用完毕后，清洗电极，关掉开关，套上保护套。

(2)pH 计校正方法

①配制 pH 为 6.86 的磷酸盐标准校准液、pH 4.00 的邻苯二甲酸氢钾标准校准液或 pH 9.18 的硼砂标准校准液，具体配制要求参照说明书。

②使用蒸馏水或超纯水清洗 pH 计电极 2～3 次，并用滤纸擦干。

③将 pH 电极浸入 pH 为 6.86 的磷酸盐标准校准液中，并轻轻摇动。

④调整校正电位器，直到显示值与标准缓冲溶液在环境温度下的 pH 相符。

⑤用蒸馏水或超纯水清洗 pH 电极，再把电极插入 pH 4.00 的邻苯二甲酸氢钾或 pH 9.18 的硼砂标准校准液中校准。

⑥2 min 后，pH 计显示值与缓冲溶液的 pH 相比，误差允许范围内则完成校正，如误差超出允许范围则需要重新校正。

pH 计校正常分为两点校正和三点校正。所谓两点校准，就是用 2 种规格的校准液校准；三点校准就是用 3 种规格的校准液校准。一般先从 6.86 开始校准，然后再用 4.00 或者 9.18。

4.2.1.5 密度

1. 显微镜检测法（估测法）

三目成像检测系统由传统显微镜＋电子放大镜＋显示屏组成，由检测人员通过估测显示屏上的精子数得出检测结果（密、适中、稀）。此检测法投入小、对检测人员要求高、主观性强、结果误差大。操作步骤如下。

①操作人员打开显微镜、显示器和恒温载物台电源，准备好检测载玻片、盖玻片，把显微镜调到可以清晰观察玻片。

②操作人员打开集精袋，轻轻晃动 3～5 次精液，使精子均匀分布在精液中。目的是确保所取样品具有代表性。

③使用 100 μL 微量移液器取 10 μL 原精液滴到载玻片上，再盖上盖玻片。先将盖玻片一边接触载玻片，再缓慢地盖下去，过 3～5 s 后再放到载物台上进行检测。

④精液密度检测：先调整显微镜。调显微镜原则：先粗后细、先上后下，直到可以清晰看到精子。然后移动载玻片观察 3～5 个视野，综合所有视野精子个数判断精子密度。显微镜检测精子密度一般选择放大 200 倍。

⑤记录精液密度：密、适中、稀（图 4-3）。结果为密、适中可用，结果为稀的精液直接丢弃。

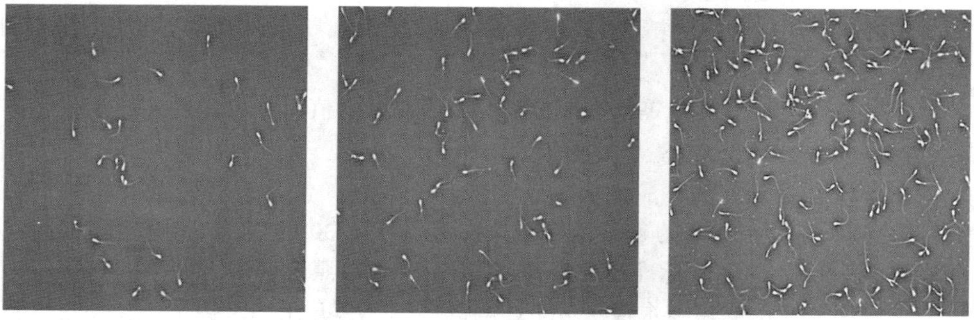

稀　　适中　　密

图 4-3　不同密度精子对比图

2. 密度仪测定法

新 AccuRead 是一款操作简单，使用快捷高效的精子计算密度仪。

(1)操作步骤

①连接电源线后，按电源开关（图 4-4）。

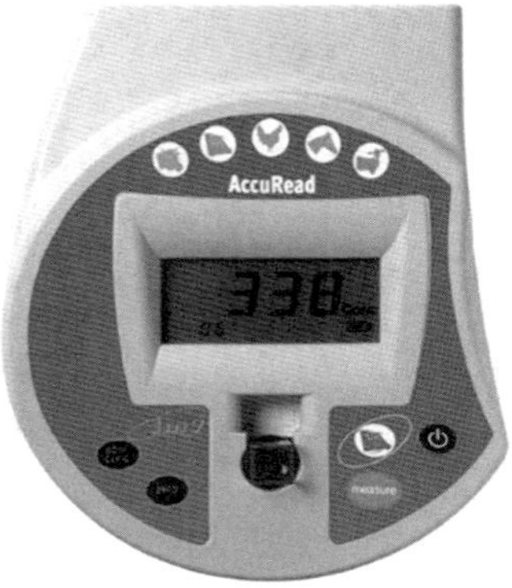

图 4-4　密度仪电源开关

②检查密度仪显示屏左侧是否出现密度检测符号(图 4-5)。

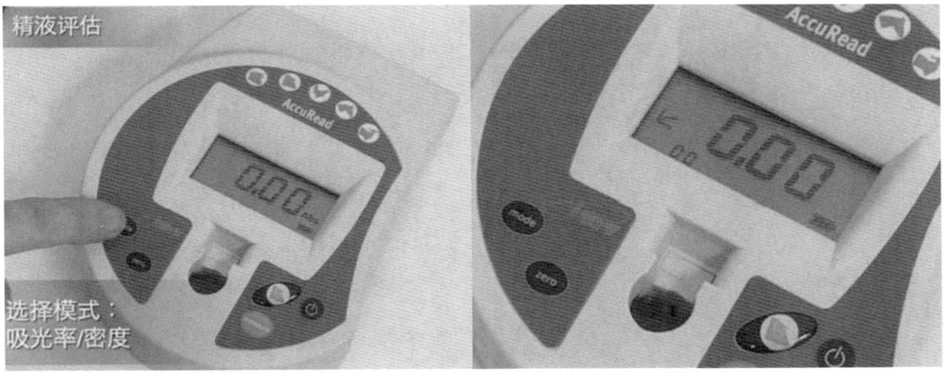

图 4-5　检查密度仪是否正常

③准备 2 种规格移液器，用移液器取 2.4 mL 生理盐水装入该仪器的专用比色皿。移液器使用后不能倒立或平放，一定要将移液器吸头向下方悬挂在移液器专用支架上。移液器的正确使用方法：如移液器规格 5 mL，我们需要调整到每次抽取液体 2.4 mL，手指向下用力按控制按钮时只要一有阻力，这时抽取液体量为 2.4 mL，如果再用力向下按，那抽取的液体就会超过 2.4 mL。

④比色皿有 4 个面，2 个对应磨砂面(可以用手拿捏)，2 个对应磨光面(密度仪灯光检测位置，所以不能用手触摸或与其他物体直接接触)，手拿磨砂面将装有生理盐水的比色皿放入密度仪检测位置(图 4-6)。

⑤按“ ”(zero)键，将分析样本校准归零(图 4-7)，屏幕上即显示 0.00。

⑥取出装有稀释液的比色皿，用移液器抽取 100 μL 原精，用纸巾擦拭移液器吸头外壁(因为吸头外壁接触到原精了，不擦去会影响密度仪的准确性)，滴入 2.4 mL 生理盐水充分混合均匀(图 4-8)。注意：检测样本必须按比例稀释，取

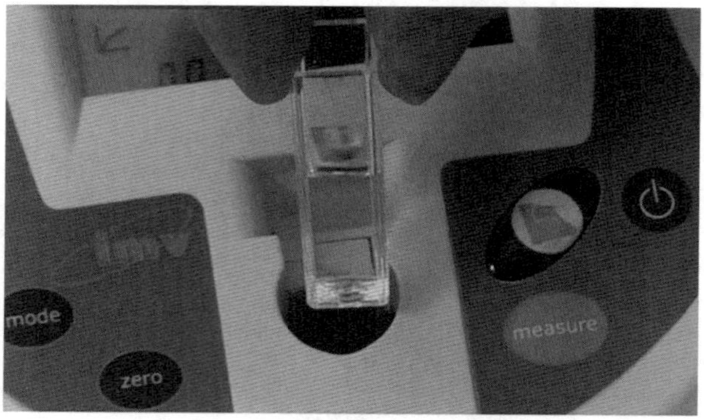

图 4-6 将待测样品放入密度仪检测

2.4 mL 生理盐水和 100 μL 精液注入比色皿，并在放入检测位置前上下摇动 2～3 次。

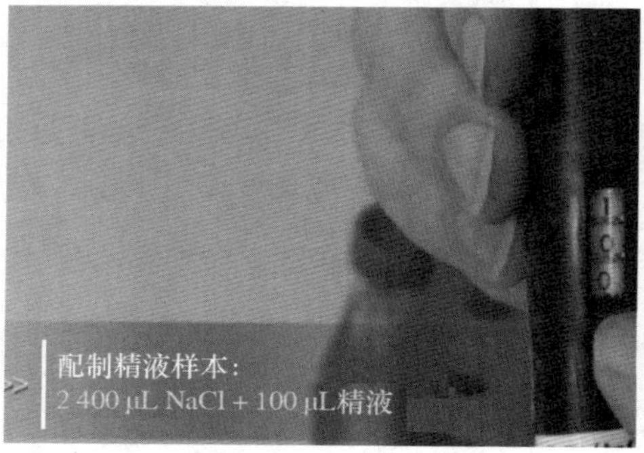

图 4-7 样本校准归零

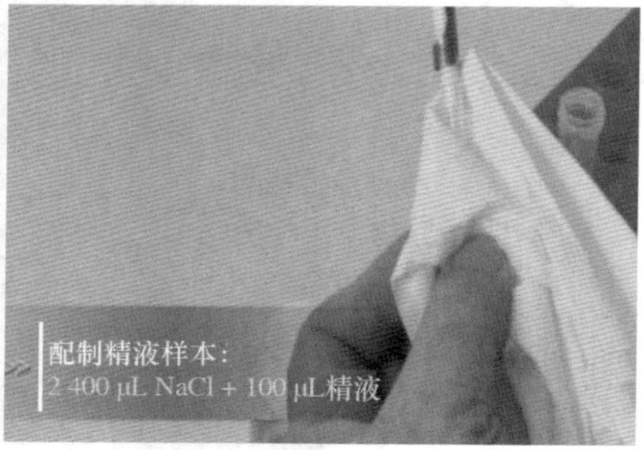

图 4-8 制作检测样本

⑦按测试键“■”(measure)屏幕上即刻显示密度(图 4-9)，(06)＝百万个/mL，(09)＝10 亿个/mL。

⑧记录检测结果，如果密度仪已与打印机或电脑连接，检测结果将在屏幕显示的同时直接传送到打印机或电脑。

(2)注意事项

①密度仪可连续检测多份精液样品，但建议每隔 10～15 min 按一下归零键“zero”以避免检测误差。只要对检测结果有怀疑，就可按归零键重测。

②密度仪最后分析的数据代表“每毫升原精所含有的精子密度”，如图 4-10 密度仪数据显示 338，左下角有“06”即代表 338 后面还有 6 位数(6 个 0)，如果 338 后面有 6 个 0(338 000 000)，即每毫升原精所含精子数为 3.38 亿个。

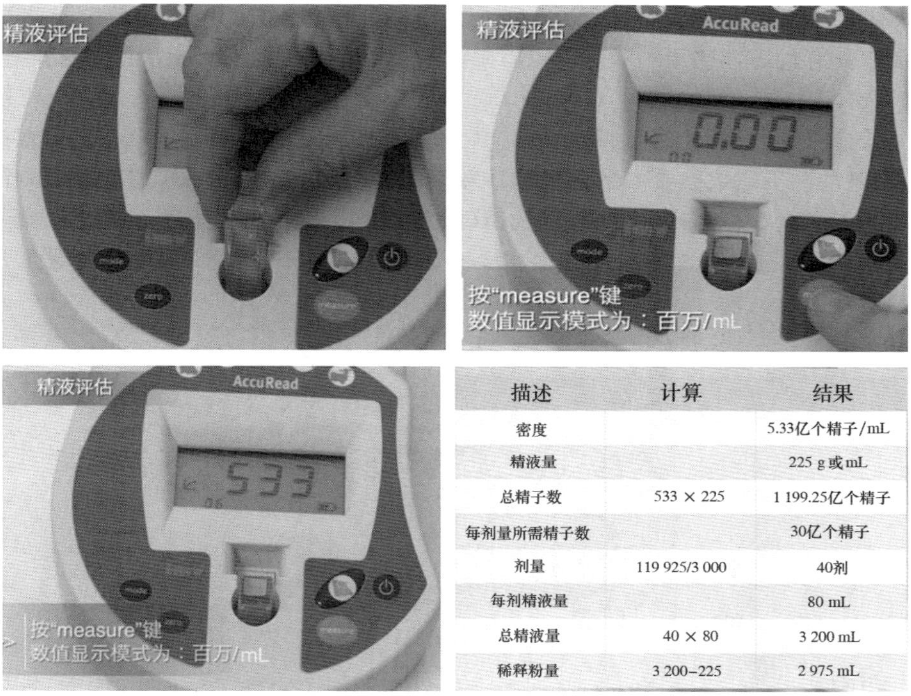

描述	计算	结果
密度		5.33亿个精子/mL
精液量		225 g或mL
总精子数	533 × 225	1 199.25亿个精子
每剂量所需精子数		30亿个精子
剂量	119 925/3 000	40剂
每剂精液量		80 mL
总精液量	40 × 80	3 200 mL
稀释粉量	3 200−225	2 975 mL

图 4-9　检测猪精密度

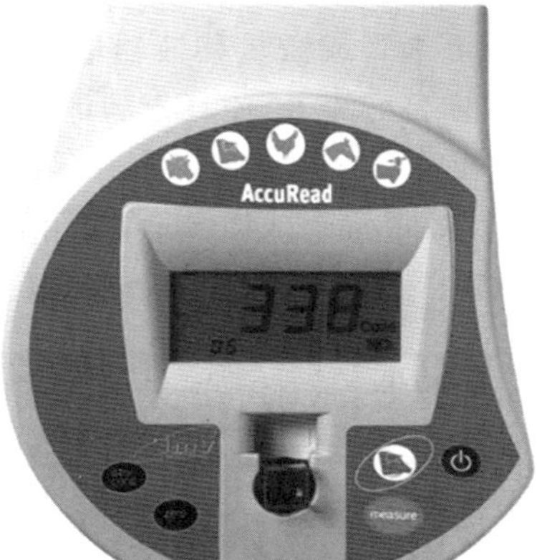

图 4-10　读取猪精密度数值

3.血细胞计数法

使用血细胞计数法是最准确的检测方法，但是速度慢，对操作人员要求高，其具体操作步骤如下。

①原精液稀释：把原精液轻轻混动 3～5 次，充分摇匀。用不同的微量移液器分别取具有代表性的原精液 100 mL 和 3%的氯化钠溶液 900 mL，混合充分摇匀，制成试样。

②检查计数板：使用显微镜（物镜 10 倍）观察血细胞计数板是否干净，如有污物，需要清洗干净或换干净的血细胞计数板。方格网上刻有 9 个大方格，其中只有中间的 1 个大方格为计数室，供计数用（图 4-11）。

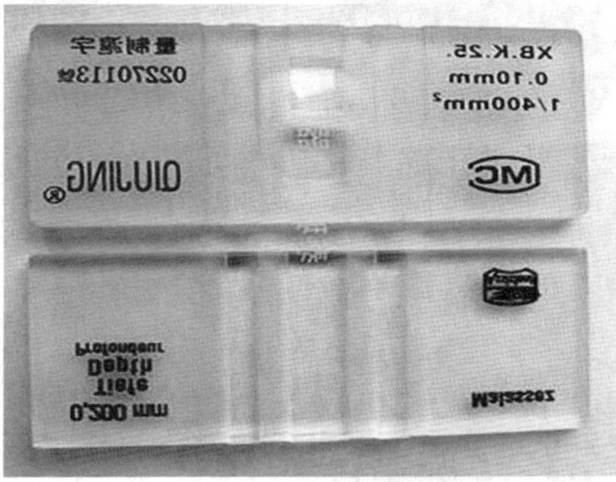

图 4-11　血细胞计数板

③取 1 张 24 mm×24 mm 盖玻片盖在计数板计数室上，检查是否可以清楚观察到计数室方格，如不能观察到方格则需要更换盖玻片，直到能清楚观察到计数室方格。

④摇匀稀释好的试样，用毛细管或微量移液器取 30～50 μL 试样置于血球计数板一端计数室的边缘，让试样自行流入，使其充满计数室，计数室内不能有气泡，静置 5 min 左右，待精子全部沉降到计数室底部再在显微镜下观察。

⑤将点好样品的血细胞计数板置于载物台上，先用低倍镜找计数室，再切换至 400 倍的条件下观察，在显微镜下找到 4 个或 5 个黑色方格（图 4-12）。

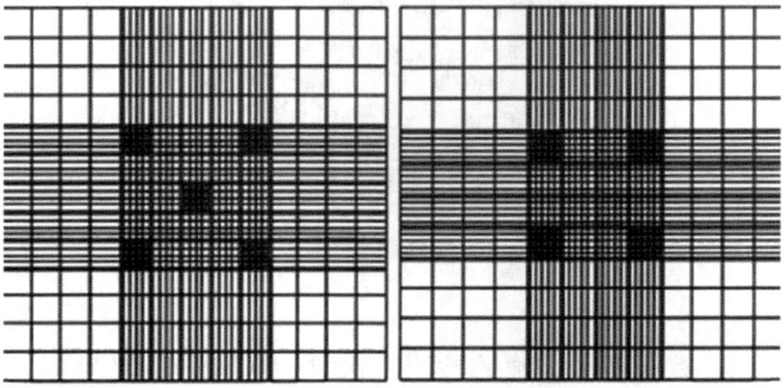

图 4-12　血细胞计数室（左侧为汤麦式，右侧为希格利式）

⑥采用边观察边计数的方法，用计数器清点计数室中的精子个数。每个计数室观察 4～5 个中方格，中方格分别为计数室的左上角、右上角、正中间、左下角和右下角。精子计数均以精子头部所处的位置为准，每个中方格内的精子均为计数范围，方格压线的精子计数遵循“数上不数下，数左不数右”的原则。数方格内的精子个数，最后把 4～5 个中方格中的精子个数求和(图 4-13)。

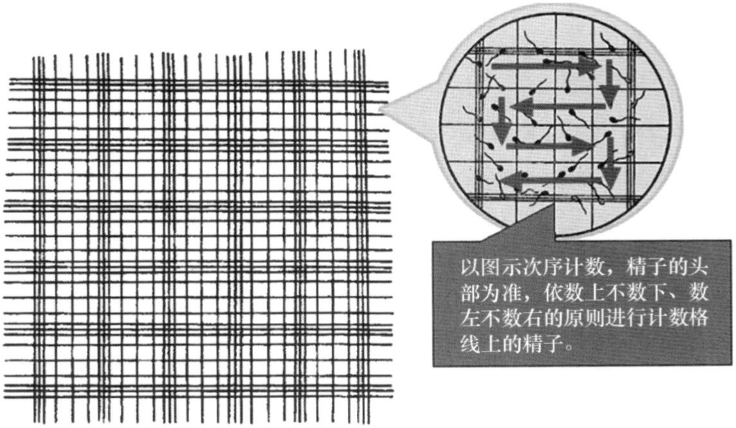

图 4-13　显微镜下单个计数室

⑦计算精子密度

汤麦式计算公式：

$$精子数(个/mL)=\frac{80\ 个小方格精子总数}{80}\times 400\times 10\ 000\times 稀释倍数$$

希格利式计算公式：

$$精子数(个/mL)=\frac{100\ 个小方格精子总数}{100}\times 400\times 10\ 000\times 稀释倍数$$

4.2.1.6　精子活力

精子活力指精液中前向运动的精子活动程度。当精液温度在 37 ℃左右时，以精液中前向运动精子数占总精子数百分率表示。精子活力按照 0.1～1.0 十级评分法进行，鲜精活力要求不低于 0.7。可用显微镜检测法检测精子活力，操作步骤如下。

①操作人员打开显微镜和 37 ℃恒温载物台，把载玻片放到恒温载物台上预热。

②摇匀精液，使用 100 μL 移液器取 10 μL 原精液滴到载玻片上，盖上盖玻片。猪精取样时要求取精液中层，减少误差。

③使用400倍显微镜观察精子活力，先将物镜切换到40倍物镜，再调节显微镜螺旋（原则上先调粗螺旋，能观察到精子轮廓，再调细螺旋，直到可以清晰观察到精子）找到观察视野，最后平移载玻片，观察2～3个视野。

④计算精子活力：每个视野的精子活力＝视野中前向运动精子个数/视野总精子个数，依此类推计算其余2个视野的精子活力。精子活力＝3个观察视野活力的平均值，即

$$M=\frac{M_1+M_2+M_3}{3}$$

式中：M——精子活力；

M_1——检测样品视野1的精子活力；

M_2——检测样品视野2的精子活力；

M_3——检测样品视野3的精子活力。

计算结果保留至小数点后1位，若几个视野计算结果相对偏差大于5%，则应重检。

4.2.1.7 精子畸形率

1. 正常精子

公猪的精子呈蝌蚪状，由头部、颈部和尾部三部分构成。其中头部和尾部较长，是精子的主体部分，尾部长度约占全长的80%，尾部可分为中段、主段和末段三部分，颈部短小（图4-14）。

2. 畸形精子

畸形精子主要指精子不正常的变形和缺损。精子畸形一般分为四大类（图4-15）。

（1）头部异常　大头精子、小头精子、长形头精子、头部不规则精子、梨形头精子、双头精子、顶体不完全异形精子等。

（2）颈部异常　颈部膨大、偏离中心、纤细、曲折、不全、双颈等。

（3）尾部异常　弯曲、双尾、中端折断、无尾等。

（4）其他类畸形精子　主要是指发育不完全，有原生质滴、凝集结团的精子。精子畸形率是重要的品质评判指标，畸形精子影响配种后的受胎率。畸形精子一般活力差，会影响受胎率，其中顶体完整性对受胎率影响最大，因此要求畸形率不超过20%。

3. 精子畸形率检测方法

精子畸形率检测方法采用吉姆萨染色法。此方法一般用于实验室检测，因为效率低下，不适用于生产。具体操作步骤如下。

①仪器和染色液准备：显微镜（物镜至少配置10×10、10×40、10×100）、水浴锅、载玻片、分类计数器、移液器、小吸管、成品染色液。

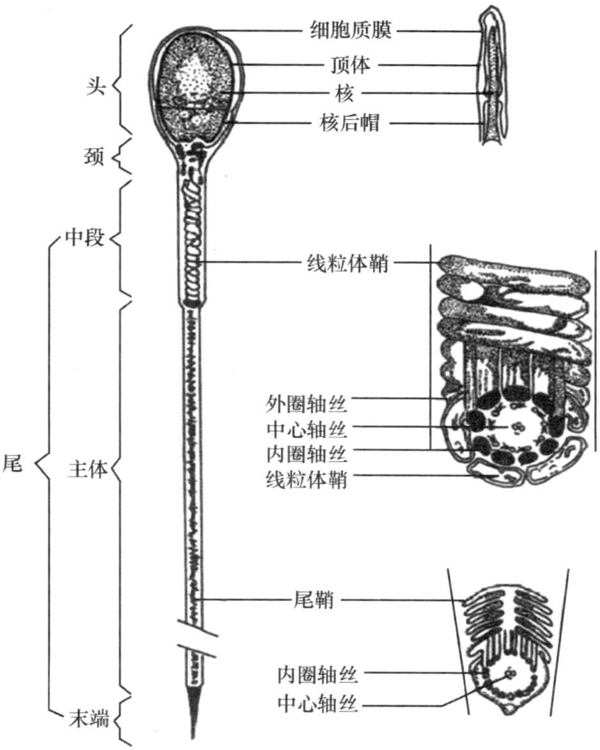

图 4-14 正常精子结构及形态

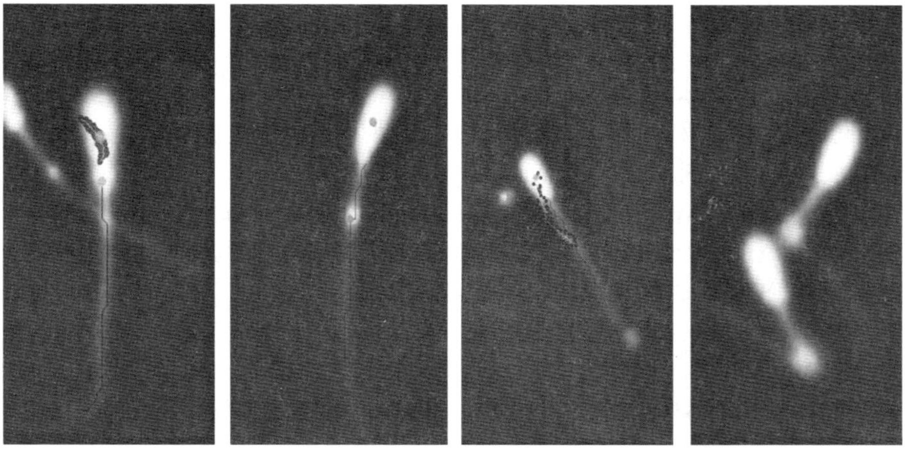

图 4-15 各类畸形精子

颈部畸形、近端微滴、远端微滴、中端折断

②制片或抹片：取样品精液 10 μL 滴于载玻片一端，用另外一块载玻片光滑面与有样品的载玻片呈 35°夹角，将样品均匀地涂布于载玻片上，自然风干 15 min。

③固定：在自然风干的抹片上滴上 1～2 mL 中性福尔马林固定液，固定 15 min 后，用清水缓冲洗去固定液，再吹干或自然风干。

④染色：把固定好的抹片反扣在带有平槽的有机玻璃面上，把吉姆萨染色液滴于槽与抹片之间，使抹片充分接触染色液，染色 1.5 h 后用清水缓冲去染色液，自然风干待检。

⑤镜检：完成染色后的抹片在显微镜(400 倍)下检测精子形态，观察多个视野，至少观察 200 个以上的精子，使用分类计数器记录视野中正常精子数 A_1 与畸形精子数 A_2。

⑥计算畸形率：畸形率＝观察到的畸形精子数/总精子数(正常精子数＋畸形精子数)×100％

$$A = \frac{A_2}{A_1 + A_2} \times 100\%$$

4. 专业设备自动检测精液品质

使用自动化设备检测，投入大，操作方便，对操作人员技能要求相对较低，检测结果准确。以法国卡苏 IVOS-Ⅱ检测设备检测操作步骤为例。

①准备工作：使用 1 000 μL 稀释液加入 5 mL 试管，将试管连试管架放入 35 ℃水浴锅中预热；打开 IVOS，进入 CASA 检测界面。

②制作检测样本：原精到达实验室称重、记录精液信息后，将原精液轻轻晃动 3～5 次摇匀，取 100 μL 原精液加入 1 000 μL 或 2 000 μL 的稀释液中摇匀，放置于水浴锅预热 2～5 min 待检测。

③将检测样本摇匀，取 2 μL 的样品滴入载玻片检测室，然后将载玻片放到 IVOS 载物架上，送入检测舱。

④选择检测样本稀释比例，自动采集画面数量。输入原精液量、稀释后成品包装有效精子数、包装剂量。

⑤调整 CASA 界面清晰度，确保每一条精子都能被清晰捕捉到。

⑥点击 CASA 界面左上角的“自动捕捉”，系统就开始自动捕捉画面，自动捕捉 8 个界面(分 2 次捕捉，每次捕捉 4 个界面)，画面捕捉后 CASA 系统自动计算精子密度、活力、畸形率、稀释液添加量。

⑦最后点击 CASA 界面左下角“保存并报告”保存检测结果，生成电子版检测报告。

4.2.2　半成品精液品质检测

半成品精液是指完全稀释后、灌装前的精液，主要检测精液活力和密度，检测前需将精液缓缓摇匀。半成品精液检测的目的是避免稀释后不合格的精液被灌装，确保商品精液品质的稳定性。

4.2.3　成品精液品质检测

成品精液主要检测精液活力，确保出库或使用前精液品质符合使用标准。袋装成品精液建议使用显微镜方式检测活力，不用打开包装，方便操作；瓶装成品精液既可以使用显微镜检测也可以使用专业设备检测。原精液品质检测、半成品精液品质检测及成品精液品质检测方式最好保持一致。

4.3　精液稀释

精液稀释的目的就是扩大精液的容量，延长精子的存活时间，维持其受精能力，提高优良种公猪的利用效率，同时，也只有经稀释处理后，精液才能进行有效的保存和运输。因此，本节重点介绍稀释温度校正、精液稀释倍数、稀释操作方法（二维码 4-4）。

二维码 4-4　精液稀释

4.3.1　稀释温度校正

精液稀释前，应使用两支校正后的温度计分别插入精液和稀释液中，静置 1 min，观察精液和稀释液温度，两者温度差不超过 1 ℃（最佳温度差 0～0.5 ℃）就可以执行稀释操作。采用水浴锅预热模式稀释精液时，每稀释一次，需要校正一次温度；自动恒温稀释桶模式稀释精液时，只需要在使用前校正一次温度即可。

4.3.2　精液等倍稀释

等倍稀释是指向精液中加入与精液量等倍的稀释液。等倍稀释做法：把原精液量相同重量（或体积）的稀释液沿着精液袋边缘或采精杯杯壁缓慢加入原精液中，完成添加后轻轻晃动精液袋，让稀释液与精液充分混合。等倍稀释后的精液再按照稀释倍数要求添加剩余的稀释液量。

稀释倍数＝添加的稀释液总量/原精精液量。

4.3.3　精液多倍稀释

原精液完成等倍稀释后，静置 0.5 min，再把剩余需要添加的稀释液沿着精液袋边缘缓慢地加入等倍稀释的精液中，视剩余稀释液量的多少，可分 1～2 次加入；

稀释液添加完全后，扎紧精液袋袋口，轻轻摇匀精液，静置 5 min 后进行半成品检测，半成品检测合格后，扎紧袋口传递到精液灌装环节等待灌装。

4.4 精液分装

精液分装是精液生产的最后环节，如何高效稳定地完成精液分装，需要从灌装方式优化入手。自动分装设备相对于传统手工灌装具有显著优势，自动分装设备可实现精液快速灌装、封口、贴标(图 4-16 和二维码 4-5)。

二维码 4-5 精液自动灌装

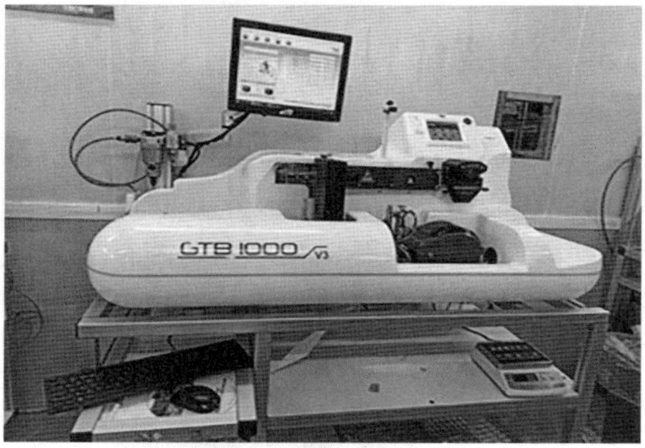

图 4-16 全自动精液灌装机

4.4.1 精液分装准备

精液灌装前需要准备：精液袋、精液瓶、塑料篮、电子秤、标签纸、打印机、灌装机、洗瓶、电脑、记号笔、EP 管等工具。

4.4.2 精液自动分装

精液自动分装适用于精液袋或牙膏状精液瓶包装模式(图 4-17)，常用于规模超过 200 头以上的社会化公猪站。不同自动灌装设备操作步骤略有差异，大致的操作步骤如下。

①开启自动灌装设备。打开自动灌装机、空气压缩机、电脑；连接灌装机气阀，打开空气压缩机气阀。

②留样。待灌装半成品精液充分摇匀，取 5 mL 精液样本加入离心管，贴上对应精液信息作为留样样品。

③放置精液。把精液放到灌装机猪精存放处，安装灌装针：将灌装针沉锥放到猪精杯中，灌装针金属针管固定到灌装针支架上，灌装软管固定到管道内，最后将软管放到蠕动泵槽内并固定好。

④安装猪精袋。首先将整卷猪精袋固定到旋转托盘上，调整旋转托盘高度保持猪精袋与袋运载架平衡，找到整卷猪精袋的开头，后退齿耙，把第一个猪精袋尾部分开套到猪精袋运转支架上(猪精袋尾部的小孔在运行方向前端，大孔在运行方向后端)，确保大小孔的小孔对准支架上的黄色箭头，再前进齿耙把猪精袋固定到袋运载架上，最后点击“袋运载架”把猪精袋运行到灌装针正下方。

⑤引液排空气。点击“下降针”观察灌装针是否插入猪精袋内，如果灌装针在猪精袋内，点击“缓慢启动”排除灌装软管内的空气，让猪精完全充满灌装软管；再点击“升起针”自动灌装机就准备完成。

⑥打开灌装软件。从电脑桌面进入灌装管理软件主界面，在屏幕左侧点击“标签格式”选择标签格式；然后，点击左下方的“连接”选择“选择一个批次”；最后，用红外读码器扫描稀释标签上的条码，系统自动识别公猪等级和灌装份数，点击“运行(无暂停)”自动灌装机就开始自动灌装、贴标签、封口(注：灌装时检查袋子是否有漏袋、切边、封口不实现象；检查标签的等级、品种、耳号、日期是否正确)。

⑦无电脑生产操作。不打标签使用无电脑生产，点击灌装机上的触屏进入“启动生产”→右下角“生产无电脑”→设定重量→输入袋数量→启动。

⑧校正成品猪精重量。自动灌装到第 2 袋就点击“暂停”键暂停设备，取第 2 袋精液称重，校正成品精液剂量是否合格，如果剂量在标准范围内就点击“是”继续灌装；如果剂量不在标准范围内就需要校正重量，直到成品剂量达标。

⑨校正灌装。校正后自动灌装机就会连续不断地灌装猪精，灌装过程中需每 5～10 袋称重 1 次，灌装完一头公猪的精液后继续灌装下一头公猪精液。

⑩灌装顺序。原则上由高等级向低等级灌装，同一品种、品系、使用一条灌装针，核心群一头公猪精液使用一条灌装针。

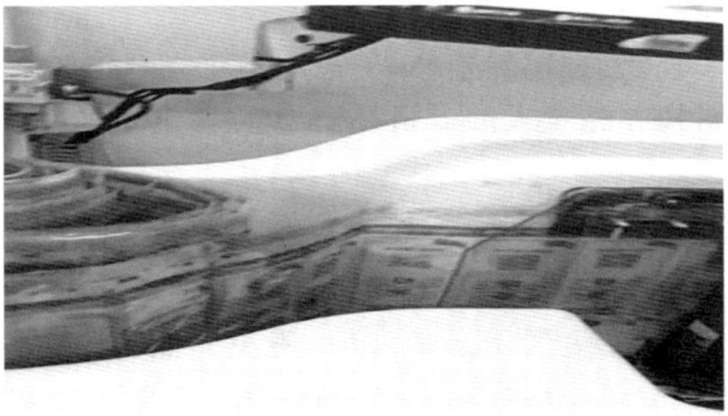

图 4-17　精液自动灌装

4.4.3 精液人工分装

精液人工灌装适用于所有包装模式，一般用于规模小于200头以下的自用公猪站。人工灌装猪精的大致步骤如下。

①准备。操作人员佩戴手套，准备好猪精包装袋、电子秤、塑料篮、洗瓶等必要工具和耗材。

②留样。打开猪精精液袋袋口，摇匀半成品精液；或使用温度计翻到精液中顺着一个方向轻轻搅匀精液，取5 mL摇匀后的精液加入EP管内，封口、贴上对应精液生产信息。

③灌装。取出精液袋或精液瓶，把精液直接或通过洗瓶加入精液瓶或精液袋中，精液袋需要每灌装1袋，称重1袋；精液瓶只需要每瓶的精液液面刻度保持一致；排出精液袋或精液瓶中的空气，再封口完成灌装，记录生产数量。

④贴标签。打印猪精生产标签，贴在精液袋或精液瓶上；或用记号笔标记生产信息。

⑤精液贮存。成品精液在实验室环境缓慢降温2 h，再转移至17 ℃恒温箱保存，保存期间每12 h翻动1次。

4.5 精液贮存

精液贮存条件影响到精液活力及保存时间的长短。本节从常温精液贮存硬件设备、贮存条件、精液贮存操作要求及冷冻精液贮存等方面进行阐述。

4.5.1 精液贮存硬件设备

精液贮存必须配置17 ℃恒温箱或17 ℃恒温库。猪精库存量小的公猪站可以选择17 ℃恒温箱；猪精库存量大的公猪站使用17 ℃恒温库。

4.5.2 精液贮存条件

种猪精液贮存前要进行平衡降温，降温幅度过大会影响精子活力(图4-18)。猪精贮存要求放置在17 ℃恒温干燥的环境，避免光照和冷风直接吹到猪精表面。成品猪精、库存猪精或留样猪精放到17 ℃恒温箱，每隔12 h翻动1次。每天2次巡查、记录恒温箱温度。

图 4-18　精液平衡降温

4.6　精液运输

精液运输对运输环节的温度要求高,必须保障运输环节的温度保持稳定且符合精液贮存的温度要求。本节重点阐述常温精液运输的内容:从精液运输过程中的贮存特性、精液包装要求、物流运输方式及物流运输全程安全保障和温度监测等环节保障猪精品质稳定。

4.6.1　猪精运输特性

猪精在运输过程中具有以下运输的特性。

(1)怕光照　促进呼吸,缩短存活时间。

(2)怕震荡　导致畸形,会引起精子从颈部断裂。

(3)怕高温　新陈代谢加快,缩短存活时间。

(4)怕低温　抑制呼吸,造成冷休克。

对此在整个运输过程中必须保持温度恒定,尽可能避免震荡和温度的波动。

4.6.2　精液分拣包装

包装材料及用途:精液袋、气泡袋或铝箔袋、泡沫箱、PE 膜、纸箱、调温胶等。

(1)猪精袋　贮存猪精,使用医药级无菌、抗压强,彻底阻断猪精与外界接触的专用猪精袋。

(2)气泡袋或铝箔袋　主要用于包装成品猪精,气泡袋内附有空气泡,可有效解决运输震动影响;铝箔袋阻断温度渗透,降低温度对猪精的影响。

(3)调温胶　主要作用是保持泡沫箱的温度符合猪精贮存环境。

(4)泡沫箱　存放猪精，阻断环境温度直接接触猪精，保持猪精配送温度的恒定。泡沫箱常分为普通单层泡沫箱和双层高密度泡沫箱。

(5)PE 膜　包裹在泡沫箱外面，可以有效防止外界空气渗透进泡沫箱内，保护泡沫箱不被污染；有利于可视化管理。

(6)纸箱　保护泡沫箱和内部缠绕膜密封完整性，防止环境病原附着到泡沫箱上。其他包装材料见二维码 4-6。

(7)包装标准　由内向外 6 层包装：猪精袋→猪精专用气泡袋或锡箔袋→泡沫双层子母箱→密封打包膜(两层)→猪精专用纸皮箱(二维码 4-7)。

4.6.3　精液出库流程

精液出库一般需要经过 8 个步骤(二维码 4-8)。

二维码 4-6　猪精包装材料　　二维码 4-7　猪精包装保障　　二维码 4-8　猪精出库流程

(1)获取订单　通过线上订单管理系统、微信小程序或电话接受用户订单信息。

(2)订单管理　汇总所有接收的订单信息，进行分类处理(图 4-19、图 4-20)。

(3)精液分装　实验室操作人员把客户需求的精液分拣装入气泡袋或铝箔袋。

(4)猪精装箱　根据用户需求量，选择合适的泡沫箱，猪精装箱要装满但又不能挤压。

(5)泡沫箱填充　装好猪精的泡沫箱要根据发货地和收货地的环境温度、配送距离长短和运输方式，对泡沫箱进行填充。

(6)泡沫箱包装　泡沫箱完成填充后，盖上泡沫箱箱盖，用胶带将泡沫箱密封起来；再在泡沫箱外侧缠绕 3 层不同颜色的 PE 膜；最后将缠绕 PE 膜的泡沫箱放在大小合适的纸箱内，使用胶带把纸箱密封。

(7)贴物流单　把物流单粘到泡沫箱外侧。

(8)猪精发运　把装箱好的猪精转交给物流部，猪精进入配送环节。

图 4-19　猪精人工分拣包装

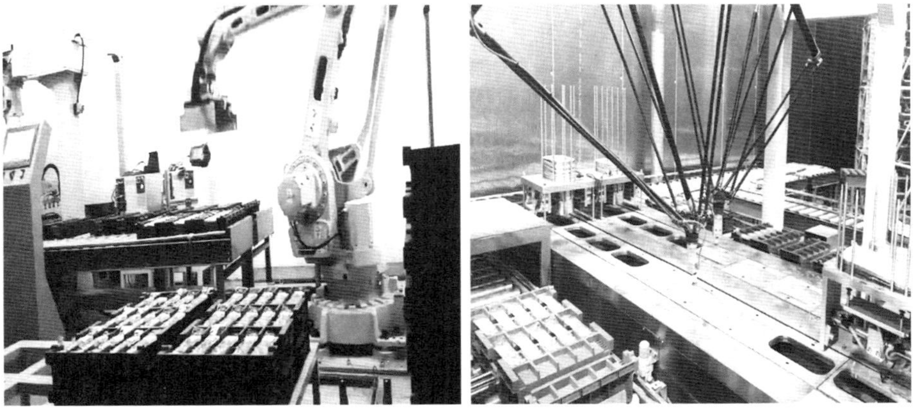

图 4-20　猪精自动分拣包装

4.6.4　精液物流运输

1. 冷链直达运输

冷链运输过程必须依靠冷藏专用车辆进行(图 4-21),冷藏专用车辆除了需要有一般货车相同的车体与机械之外,必须额外在车上设置冷冻或冷藏和保温设备。在运输过程中要特别注意必须是连续的冷藏,对于一些特定地区使用 17 ℃恒温冷藏车直达配送至客户手上,对猪精活力做到百分百保障。

2. 联合运输

联合运输是综合利用某一区间中各种不同运输方式的优势进行不同运输方式的协作(图 4-22),除去冷链车,还可采用高铁、飞机、无人机等第三方物流多种联合运输方式结合,并以最佳线路配送至全国各地,确保在 48 h 内将猪精送达。

图 4-21　冷链运输车

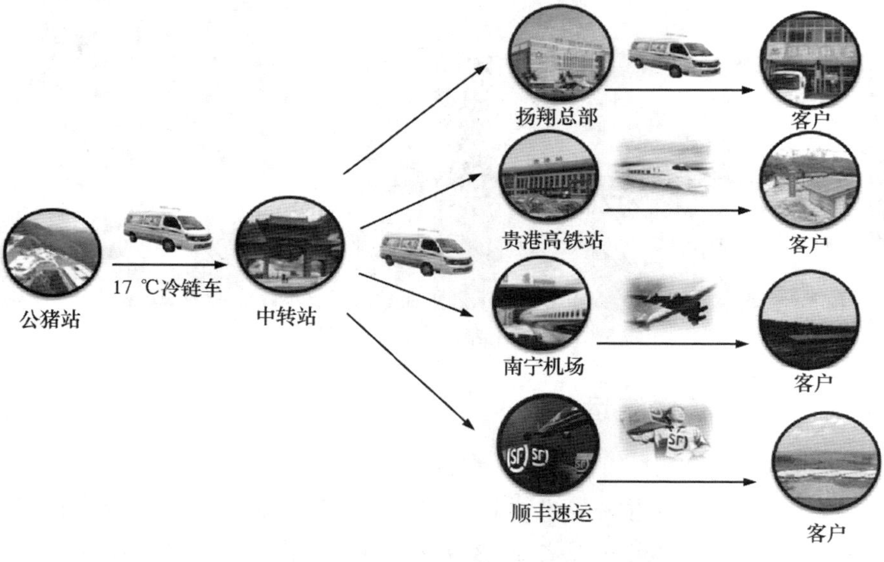

图 4-22　联合运输

3. 配送中心

配送中心主要功能是提供配送服务，在物流供应链中是一处物流节点，为物流下游经销商、零售商、客户完成配送工序。利用流通设施和信息系统平台，对物流经手的货物进行分货、零星集货，设计运输路线、运输方式，为客户提供定制化配送服务。

4.6.5 猪精运输保障

4.6.5.1 生物安全

1. 猪精配送安全

①主干线点对点配送　专人、专车、专线送达物流中转网点,专用运输车统一返回到洗消中心消毒停放等待第二天作业,减少运输过程中病毒传播风险。

②综合运输方式　与第三方物流签订安全协议,确保猪精在 48 h 内安全到达。

2. 猪精入场安全

①在一级洗消点或双方约定的交接点接收猪精,检查包装是否有破损情况,并对最外层纸质包装进行喷雾消毒或擦拭消毒,静置 10 min 后去掉纸质外包装(图 4-23)。

②在二级洗消点再次进行喷雾消毒或擦拭消毒,静置 5 min 后,剥掉泡沫箱最外层 PE 膜包装材料(图 4-24)。

③在三级洗消点(门卫处)对外包装进行全方位喷雾消毒或擦拭消毒,静置 5 min、剥掉 PE 薄膜包装材料;对泡沫箱外表面进行全方位擦拭消毒并静置 10 min,然后由场外交接人员消毒双手,戴上一次性手套,在交接窗口打开泡沫箱,由场内接收人员消毒双手戴上一次性手套从泡沫箱内取出精液,放入场内精液运输箱内,运送到精液储藏室或 17 ℃恒温箱贮存。

④如果猪场周边疫情紧张,可以考虑在打开泡沫箱之前,把运送精液的泡沫箱放在消毒液中浸泡 5 min,再打开泡沫箱,运送到精液储藏室。

图 4-23　猪精入场消毒

图 4-24　拆包装、拆 PE 膜

4.6.5.2　猪精品质保障

运输过程中，保障箱内温度保持在 16～20 ℃。首先通过各环节的温控措施，保障物流配送过程中精液温度稳定可控。采用加厚高密度子母箱，全部在恒温 17 ℃ 条件下分拣封箱，根据不同温度、运输距离及运输方式，选择不同温控措施；从公猪站到第三方物流中转站，使用专用恒温车定点运输；在第三方物流中转站存放温控区域；配送到达目的地，要按要求存放在指定合适交付地点。

4.6.5.3　运输监控

为保证产品安全运输，指定专门物流方式，运输过程中实时监控温度，并对车辆停车时间，上、下车及到达地点等行程信息进行记录及监控，并设有专人进行信息追踪工作，确保运输过程中无违规现象。

4.7　冷冻精液生产、贮存和运输

本章前 6 节主要讲述的是常温精液的生产、贮存和运输，本节主要讲述冷冻精液的生产、贮存和运输。二者生产流程虽有相同部分，但也存在较大差异，冷冻精液生产、贮存和运输如下所述。

4.7.1　冷冻精液的生产

猪精液冷冻保存是指利用液氮(－196 ℃)作为冷源，经离心浓缩、添加冷冻稀释液，经过一定程序的降温平衡处理后投入液氮，使精子细胞的代谢活动几乎完全停止，以实现精液长期保存的目的。目前猪冷冻精液的制作主要分为以下几个步骤。

4.7.1.1 原精液稀释、平衡和离心

采集种猪浓份精液→测量原精液总剂量，确定精液密度及活力→计算本次射精的精子细胞总数(TSE)→将精液按照 1:1.5 进行稀释(常温精液稀释方法)→置于 17 ℃恒温箱冷却至 17 ℃(2～3 h，根据精液送达实验室的时间差异，最长可将 17 ℃ 保存时间延长至 24 h)→取出 17 ℃保存精液，分装于离心管→离心(离心条件：17 ℃，1 000*g*，20 min) →吸出上清液，计算浓缩精液的量和精子密度。

4.7.1.2 两次稀释平衡

目前，猪冷冻精液多采用两次稀释平衡方法。冷冻过程中细胞外溶液首先形成部分冰晶，使精子受到过度脱水的化学损伤和对细胞膜及细胞内结构造成的机械损伤。为减少冷冻解冻过程中渗透压改变和冰晶形成带来的损伤，提高猪精液冷冻效果和精液利用率，可在冷冻稀释液中添加冷冻保护剂。甘油是现在应用最多的精液冷冻保护剂，但甘油的添加量不能超过 6%，否则精子的活率与顶体完整率可能会受甘油的化学毒害作用而逐渐降低。

稀释液Ⅰ由 80% 基础稀释液和 20% 卵黄混合而成。

稀释液Ⅱ由稀释液Ⅰ加 6%甘油组成。

1. 计算用于冷冻的总精子数

①原精总精子数(TSE)：通过原精液稀释前检测精子密度和称量采精量计算获得。

TSE＝原精液总量(mL)×原精液精子密度(10^8 个/mL)

例如：原精液总量＝200 mL

原精液精子密度＝4.0×10^8个/mL(即每毫升原精液中含有 4 亿个精子)

TSE＝原精液总量(mL)×原精液精子密度(10^8个/mL)＝800×10^8 个精子

②离心后上清精液中的总精子数(TSS)：通过检测离心后上清精液中的精子密度和分离出的上清精液量计算获得。

TSS＝离心后上清精液总量(mL)×上清精液中的精子密度(10^8个/mL)

例如：离心后上清精液总量＝180 mL

离心后上清精液中的精子密度＝0.25×10^8个/mL

TSS＝离心后上清精液总量(mL)×离心后上清精液中的精子密度(10^8 个/mL)＝45×10^8个精子

③用于冷冻的精子总数(TSC)：TSC＝TSE－TSS＝(800－45)×10^8＝755×10^8个精子

2. 计算稀释液Ⅰ的添加量

①根据猪冷冻精液的通用程序，离心后添加稀释液(Ⅰ液)的量应为冷冻前总量的 50%，即在离心精液中加入稀释液Ⅰ，终体积为冷冻前体积的一半。如果拟

制作的冷冻精液密度为 10×10^8 个/mL,则冷冻精液的总量应设为 75.4 mL,故第一次稀释后精液的总量应为 37.7 mL。同样,要求稀释液与精液悬浮液温度一致。

②上清液重量可以通过先称量空离心管或瓶的重量,再称量离心后重量,相减得出。

③将稀释好的精液放在 5 ℃平衡柜或冷藏室内,慢慢冷却 2～4 h。监控温度,当精液温度达到 5 ℃,立即处理精液。

3. 稀释液Ⅱ的配制和添加

添加完稀释液Ⅰ后,在剩余的稀释液Ⅰ中添加 6%的甘油,用磁力搅拌器充分搅拌后放置于第一次稀释后平衡的精液瓶旁,与精液一起降温。待第一次平衡结束后,按 1∶1的比例缓慢加入稀释液Ⅱ。继续在 5 ℃平衡并准备细管封装,平衡时间应不超过 45 min。

4.7.1.3 细管封装

①如果有细管打印机,可根据精液的来源等信息,预先打印好细管,并放入 5 ℃ 平衡柜中预冷备用。如果没有细管打印机,则可以用记号笔在部分细管中做标记。

②细管灌装精液可采用半自动封装系统或全自动封装系统,也可采用手工灌装。手工灌装时,一定要记得在细管中间吸入 0.5～1 cm 长的空气,以防冷冻过程中爆管。

③自动封装系统灌满精液后采用钢珠或热压的方法封口;而手工灌装细管后,可采用封口粉封口。封口粉具有遇水凝固的特点,故在封口粉封口后,记得再将封口端轻蘸点水,以保证封口完好性。

④细管封装要在 5 ℃冷藏室或平衡柜中操作。

4.7.1.4 细管冷冻

猪精液的冷冻常用的有程序冷冻法和液氮熏蒸法。程序冷冻法是采用程序化冷冻仪,通过控制液氮气化的速率来控制降温的速率,能够监控到温度的变化;液氮熏蒸法则是依靠冷冻支架及细管离液氮面的距离来控制降温速率,然后将细管直接投入液氮中,迅速制冷。该方法操作简单,对仪器要求较低,但降温速率不稳定。

①使用程序化冷冻仪,冷冻速率－30 ℃/min。冷冻后将细管连冷冻架一起从冷冻仓中快速取出,然后立即放入液氮中(泡沫箱)。

②使用液氮熏蒸法,使细管距液氮面 2～3 cm,熏蒸 8～10 min 后,将细管投入液氮中。

4.7.1.5 细管解冻

细管冻精收集入库前需抽样检查冷冻效果,然后决定是否入库保存。先取2～

3个干净的1.5 mL EP管，加入900 μL解冻液。然后从液氮中取出2～3支细管，并立即放入36 ℃的水浴锅中，计时20 s。用干净的纸巾擦干细管，剪断封口端，让精液自行流入干净的空EP管中。用移液器混匀解冻精液后，取100 μL加入解冻稀释液中。混匀并置于36 ℃的水浴锅中孵育10 min后，按常规方法检查精液品质。

4.7.2 冷冻精液的贮存

合格的冷冻精液需要入库冷冻保存。首先取拇指管和大小适中的布袋或其他贮存装置做好标记，记录冷冻精液的完整信息。然后将拇指管或细管盒浸入液氮中，用镊子将细管装入拇指管。再将拇指管装入布袋或贮存装置，存放于液氮罐中。记录好精液的完整信息和冷冻保存质量及存放位置，以便取用。

4.7.3 冷冻精液的运输

冷冻精液的运输离不开液氮。实验室间的运输可使用装有液氮的泡沫盒或保温杯。远距离的运输必须要用液氮罐。

思考题

1. 猪精在运输过程中具有哪些特性？
2. 常作为稀释液用的水有哪些？水质标准是什么？
3. 精液感官检查与指标检测分别对应那些项目？
4. 常见的颜色异常精液的类型有哪些？对应的原因是什么？
5. 畸形精子的类型有哪些？
6. 如何贮存才能最大限度地保持精液活力？

第5章

输　　精

【本章提要】母猪在一个排卵期可以排出 25 个左右的卵子，但并非母猪排出的所有卵子都能与精子进行有效结合，要使卵子与精子有效结合形成胚胎，需要关注的环节很多，如母猪诱情、母猪营养、精液品质、输精时间、输精次数等。本章从背膘管理、诱情管理、输精管理、配种后母猪管理等方面详细介绍输精前、中、后需要关注的关键环节，以期通过规范化的输精操作，提高母猪的配种分娩率，提高猪场经营效益。

5.1　母猪的诱情管理

对母猪进行高质量诱情是提高配种分娩率的关键技术之一。本节主要从诱情的意义及操作规范两方面进行阐述。

5.1.1　诱情的意义

诱情是通过某些方法诱导母猪发情。大部分后备母猪在 180 日龄时会进入初情期，进行第一次发情。后备母猪发情一般存在两个问题：一是发情不整齐，有些猪场 100 头后备母猪全部发情可能要持续 3 个月，这会影响规模化猪场批次化生产和全进全出；二是初情期比较晚，有些猪场如果管理不好，大部分后备母猪的初情期可能会到 210 日龄，这个问题会延迟母猪的配种时间，增加非生产天数，降低经济效益。母猪的初情期越早，母猪一生生产的断奶仔猪就会越多，母猪能够创造的价值就越大。所以在具体的生产现场，为了让母猪发情早、发情整齐度高，就有必要对后备母猪进行规范的诱情管理。

5.1.2 诱情的操作规范

对后备母猪开始诱情的时间点是少部分后备母猪刚刚开始发情的时候，一般杜洛克、长白、大白、长大和大长二元母猪从6月龄开始诱情。通常的做法是将公猪赶入母猪栏里面，让公猪和母猪接触一段时间（图5-1）。公猪的气味、声音、外貌和肢体接触会对母猪产生较大的刺激，增加母猪雌激素的分泌，促使母猪更早发情。在此操作过程中要注意以下三点：一是要让公猪和母猪能够接触，因为相互接触能够更好地对后备母猪进行刺激；二是要选择一头唾液较多，性欲相对旺盛的公猪进行诱情；三是要每天进行至少一次接触，每次公母猪接触的时间为5～15 min。

如果让后备母猪每天都和公猪在一起，则达不到很好的诱情效果。在诱情过程中，公猪要做到适时"暴露"，而不是一直"暴露"。

选择一头优秀的诱情公猪至关重要，如果公猪性欲太强则会爬跨母猪，导致公猪移动困难；公猪性欲太弱又达不到刺激作用，所以气味较大、年龄较大、行动迟缓，但有性欲的公猪是比较合适的。当发现公猪表现疲劳的时候，则需更换其他公猪进行诱情。

图5-1 公猪诱情

5.2 母猪的查情管理

查情是及时发现适配母猪的最佳方式，对母猪进行查情有多种方式，根据有无公猪在现场可分为有公猪在场的查情和纯人工查情，有公猪在场的查情效果相对较好。查情前要做好查情规划，并制定查情操作规范，严格按照规范进行操作，并不断优化迭代查情规范，提高查情效率。

5.2.1 母猪查情规划

5.2.1.1 查情方式选择

在现代猪场，因为有公猪的存在，查情变得很简单，只需要将公猪赶到母猪的前面，或者将母猪赶到公猪前面，然后观察母猪是否有静立反应，表现静立反应就证明母猪发情了。在规模猪场，母猪在公猪面前的静立反应应该作为配种时间确定的唯一标准。

在散养户或者没有公猪的小型猪场，查情时除了检查母猪是否有静立反应以外，还需要查看母猪的其他发情表现（主要是阴户的颜色和黏液情况）（二维码 5-1），母猪配种时间的确定需要结合这二者的情况来判断。因为没有公猪在场，缺乏公猪的刺激，母猪不一定会在人工查情的时候，表现出稳定的静立反应，需要综合判断，所以查情的难度会大一些。在这样的猪场，使用公猪气味剂刺激母猪，来检查母猪的静立反应，能极大地提高查情的准确率。

二维码 5-1　发情母猪生殖器官变化

5.2.1.2 查情公猪选择

与诱情一样，选择一头优秀的查情公猪对于提高查情的准确率至关重要。公猪性欲太强会爬跨母猪，导致公猪移动困难；公猪性欲太弱又达不到刺激作用，所以气味较大、年龄较大、行动迟缓、但有性欲的公猪是比较合适的（图 5-2）。当发现公猪表现疲劳时，需要更换其他公猪进行查情。

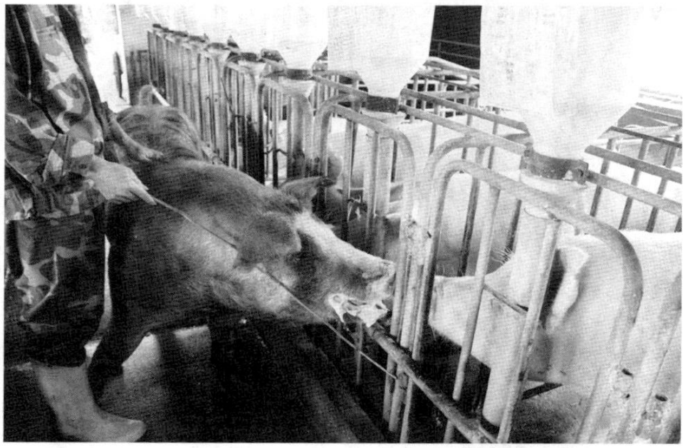

图 5-2　优秀的查情公猪

5.2.1.3 查情人员安排

查情是配种妊娠车间中最重要的一项工作，一般需要所有人员参与配合。在查情过程中，需要一个人去鉴定母猪是否发情，确定母猪的输精时间。这个人非常重要，一般安排最有经验的技术人员去负责；另外，需要一个人记录并填写母猪卡；同时，还需要 1～2 人控制公猪的缓慢移动。各猪场应根据猪舍的设备情况和人员配置情况，做好合理的安排。

5.2.1.4 查情时间安排

母猪查情需要一天进行 2 次，上午和下午各 1 次，2 次查情的间隔时间应尽可能延长。有的猪场为了降低劳动强度，每天只进行 1 次查情工作，往往会导致没有第一时间检查出母猪发情，从而导致输精时间延迟，降低繁殖效率。查情的时间安排要避开母猪采食前后的 30 min。因为采食前后的 30 min 内，母猪由于饥饿会躁动不安，这段时间查情，母猪有可能不会出现静立反应，查情的准确率不高。

母猪的发情表现有“性不应”行为。一头发情的母猪查情时接触到公猪以后，出现了静立反应，静立反应一般会持续 5 min 左右；过了 20 min 后，再次对这头母猪进行查情，让它接触公猪，母猪还会出现静立反应吗？答案是“不会”。这就是母猪的“性不应”行为，在短时间内母猪多次接触到公猪，母猪不会出现静立反应的发情表现。这里说的“短时间”，一般指 1 个小时。所以，在查情开始的时候要确保母猪在 1 h 前没有接触过公猪。

5.2.2 母猪查情操作规范

5.2.2.1 定位栏查情

如果需要查情的母猪饲养在定位栏里，查情的时候就需要将公猪控制在母猪前面的走道里，缓慢地走动，保证公猪能够和母猪充分接触(图 5-3)。控制公猪的办法有很多种，最简单的方法是两个人一前一后地控制公猪走动；也可以使用专门的公猪牵引车控制公猪移动。只要能保证公猪和母猪能够充分接触到，这些方法都是可行的。

5.2.2.2 大栏查情

如果猪场需要查情的母猪饲养在大栏里面(图 5-4)，查情的时候，就需要将查情公猪赶到大栏里面，让母猪能够和公猪接触，并能够听到公猪的叫声，闻到公猪的气味，看见公猪。如果将公猪控制在走道里不进入母猪栏，就不能保证公猪可以接触到所有的母猪，查情的准确率会降低。

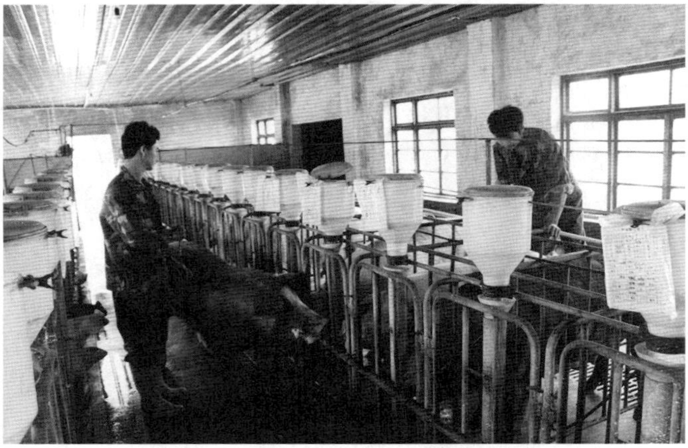

图 5-3　定位栏查情

图 5-4　大栏查情

5.2.2.3　智能查情

传统查情效果受人工经验和技术水平限制，可能存在漏查、漏配的情况，且优秀的查情配种员的招聘和培养成本较大。如何让养猪新手也能准确查情、及时配种？相关科技企业利用云计算、大数据、物联网、移动互联、人工智能、区块链等新技术结合母猪的生物学特性，开发出智能查情设备和管理平台，如影子科技结合行业龙头猪企多年采集积累的超万头母猪发情经验数据，创新研发出人工智能查情算法模型，并自主研发专利硬件产品“查情宝”，通过“软硬”结合的方式，实现设备代替人工查情。查情宝 24 h 全天候监测母猪发情状态，突破人工查情时间局限；自动采集处理数据，算法模型精准计算母猪发情指数；当监测到母猪发情指数达

90%时，算法推荐为最佳配种时间，顶部亮蓝灯提醒配种，系统同步推送配种任务到手机 App；减少人猪接触频率，降低母猪应激和疾病传播概率；安装简单、操作容易，设备发生故障时，顶部亮红灯提醒检修；减少人工误判、漏查、漏配现象，显著提高母猪受孕率，受孕率提升 5%～10%。

5.2.3 母猪的发情

5.2.3.1 母猪的发情表现

母猪一个发情周期为 21 d，分为两个阶段，即发情期和间情期。发情期一般为 7 d，间情期为 14 d。发情期又可以分为 3 个阶段，即发情前期、发情中期和发情后期。

发情前期指的是母猪开始发情但没有出现静立反应的时间段，这是卵泡发育的准备时期。这段时间母猪阴户肿胀，分泌透明黏液，行为上表现出食欲减退、躁动不安、寻找公猪等。发情前期持续时间一般为 1～4 d。

发情中期指的是母猪出现静立反应的时间段，也就是母猪能够接受公猪爬跨，性欲达到高潮的时期。这段时间母猪阴户肿胀会逐渐消退，流浓稠黏液，行为上表现出静立反应，母猪也会爬跨其他母猪。发情中期持续时间一般为 1～3 d。

发情后期指的是母猪静立反应消失，母猪由性欲激动逐渐转入安静状态，是排卵后黄体开始形成时期。这段时间母猪的发情表现逐渐消失，阴户恢复正常形态，行为也恢复正常表现。发情后期持续时间一般为 1～2 d。

二维码 5-2 不同发情时期母猪阴户特征

5.2.3.2 母猪的静立反应

母猪的静立反应指的是发情母猪接触到公猪后，表现出安静站立的行为。这种站立不仅仅表现的是站着不动，而是赶不走、打不走、推不走的“三不走”状态。在实际生产中，母猪没有发情，也有站立不动的情况，有的是猪群拥挤或肢体病不能走，有的是疲劳或恐惧不愿走，经验不够丰富的技术人员面对这样的情况时，会误判为静立反应，这是生产上常见的错误。需要仔细地体会“三不走”的静立反应状态。

伴随着静立反应，发情母猪在公猪面前还有眼神呆滞、凝视的表现；同时，双耳竖起，躯干紧绷，这表示母猪正在蓄力，已经做好了公猪爬跨、承受公猪体重的准备，正是可以输精的时候。

5.2.3.3 后备母猪和经产母猪发情表现的差异

不同品种母猪的发情表现有很大的差异，比如农村的地方品种猪，它的发情中期持续时间比较长，一般为 3 d；而皮特兰猪，它的发情中期持续时间比较短，一般为 1～2 d。

后备母猪和经产母猪的发情表现也会有很大的差异。后备母猪一般发情前期会比较长(3～4 d)，但是发情中期比较短(1～2 d)。经产母猪发情前期会比较短(1～2 d)，但是发情中期比较长(2～3 d)。正是由于后备母猪和经产母猪发情表现上的差异，它们在确定输精时间的方法方面是不同的。

5.2.3.4 影响母猪发情的因素

不管是后备母猪不发情，还是经产母猪断奶后不发情，都会对猪场生产造成巨大影响。在规模猪场中，母猪正常发情更是批次化生产和全进全出的前提条件。养猪生产中，大部分猪场存在母猪不发情的问题，这个问题也是影响中国猪场整体繁殖效率提升的一个重要因素。

影响母猪发情的首要因素是营养。母猪只有在营养充足的情况下，才能发情。一方面，营养充足才能保证各生殖器官的正常发育；另一方面，营养充足才能保证各种生殖激素分泌达到合理的水平，母猪发情需要的雌激素只是生殖激素中的一种。我们曾经抽查过 50 个猪场的配种前后备母猪的背膘厚度，发现大部分猪场后备母猪背膘厚度合格率不到 50%。背膘厚度合格率低反映的主要是母猪的能量水平没有达到要求，也就是说大部分母猪是缺少能量的，母猪需要摄入更多的能量饲料。

影响母猪发情的另外一个因素是应激。生产中，需要注射的疫苗种类很多，平均一头后备母猪在配种前大概需要注射 15 针疫苗。如果后备母猪从 100 kg 开始注射疫苗，到 140 kg 开始配种，中间经历的时间大概是 60 d，60 d 内注射 15 次疫苗，相当于平均间隔 3 d 注射一次。频繁的疫苗注射会对母猪产生较大的应激，首先母猪不能很好地采食，其次不能很好地休息，母猪处于不安静的状态之中，导致发情困难。

5.2.3.5 批次化生产中母猪发情管理

母猪批次化生产是遵循批次化、标准化、模式化管理原则，结合猪场资源条件，根据母猪生产周期和批次间隔，并利用生物技术，实现同期发情、同期排卵、同期配种、同期分娩的高效可控的繁殖生产技术体系。猪场根据实际情况可将批次间隔设定为 1 周、2 周、3 周、4 周、5 周或非整周的固定天数批次等。后备母猪定时输精方案可分为精准定时输精，即采用控制发情和排卵的激素处理，在预定的时间进行人工授精而不做发情鉴定；简式定时输精，即性周期同步化激素处理后，人工授精的时间根据发情鉴定结果确定。对于经产母猪，一般情况下，规模化猪场通常采取同期断奶的方式以实现对经产母猪性周期的同步化。除此之外，还可在母猪断奶后注射促性腺激素或 GnRH 及其类似物来进一步提高经产母猪发情和排卵同步化率。

当前，批次化生产已逐渐成为发达国家猪场推广应用的重要生产管理方式。我国猪场批次化生产尚处于起步阶段，2016 年，中国农业大学联合国内相关院校和企业，成立了全国母猪定时输精技术产业化应用与开发协作组，系统进行了母猪定时输精与批次化生产技术及关键药物研发，有效推动了母猪批次化生产技术研发与应用。现对常用技术程序进行简单介绍。

1. 后备母猪批次化简式进群方案（优先推荐方案，图 5-5）

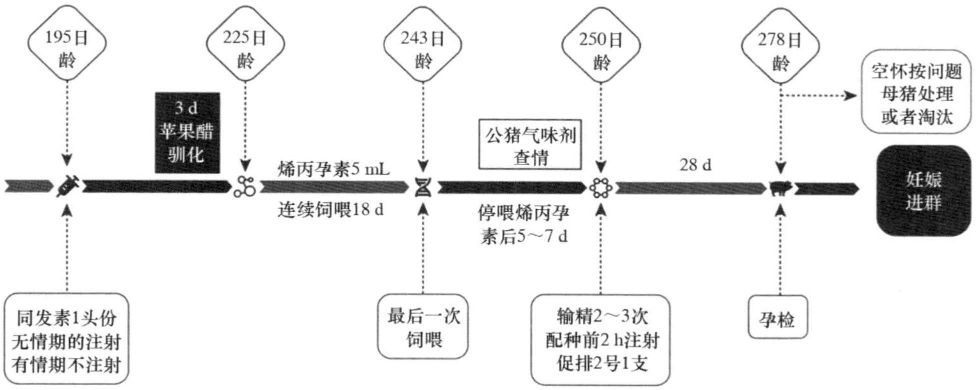

图 5-5 后备母猪批次化简式进群方案

①195 日龄：无情期的肌内注射同发素 1 头份，有情期的不注射。

②225 日龄：开始饲喂烯丙孕素，每头母猪每天饲喂烯丙孕素 5 mL，连续饲喂 18 d。

③243 日龄：停喂烯丙孕素，停喂烯丙孕素第 3 天开始使用公猪气味剂查情，一天两查，当母猪出现静立反应或其他发情表现，即具备配种条件。

④配种输精，配种前 2 h 内注射促排 2 号 1 支；配种时，在精液中加入 10 IU 的缩宫素，注意现配现用；第一次配种后 18 h 复配 1 次，继续在精液中加入 10 IU 的缩宫素，提高受精率。

⑤278 日龄：B 超孕检，妊娠进群，空怀按问题母猪处理或者淘汰。

2. 后备母猪批次化精准进群方案(图 5-6)

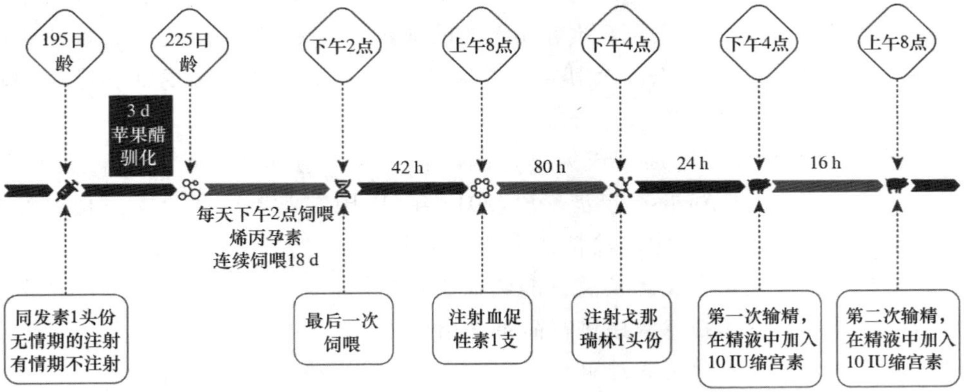

图 5-6　后备母猪批次化精准进群方案

①195 日龄:无情期的肌内注射同发素 1 头份,有情期的不注射。

②225 日龄:下午 2 点开始饲喂烯丙孕素,每头母猪每天饲喂烯丙孕素 5 mL,连续饲喂 18 d。

③243 日龄:下午 2 点,停喂烯丙孕素。

④245 日龄:上午 8 点,注射血促性素 1 支。

⑤248 日龄:下午 4 点,注射戈那瑞林 1 头份。

⑥249 日龄:下午 4 点,配种输精,配种时,在精液中加入 10 IU 的缩宫素,注意现配现用;第一次配种后 16 h 复配 1 次,继续在精液中加入 10 IU 的缩宫素,提高受精率。

3. 经产母猪批次化简式输精方案

此方案适用于 21～28 d 正常断奶的健康母猪(图 5-7)。

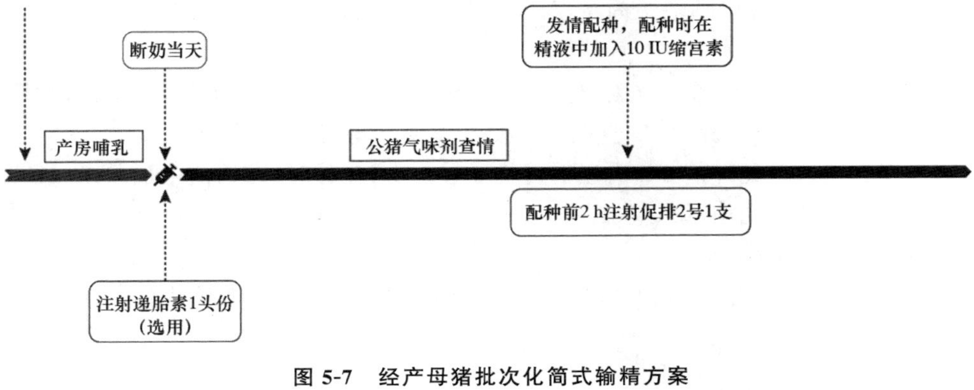

图 5-7　经产母猪批次化简式输精方案

①第 1 天：断奶，当天注射递胎素 1 支。

②使用公猪气味剂查情，一天两查，当母猪出现静立反应或其他发情表现，即具备配种条件。

③配种输精，配种前 2 h 内注射促排 2 号 1 支；配种时，在精液中加入 10 IU 的缩宫素，注意现配现用；第一次配种 24 h 后，使用公猪气味剂再次查情，有静立反应的母猪再复配 1 次即可。

4. 经产母猪批次化精准输精方案

此方案适用于 21～28 d 正常断奶的健康母猪(图 5-8)。

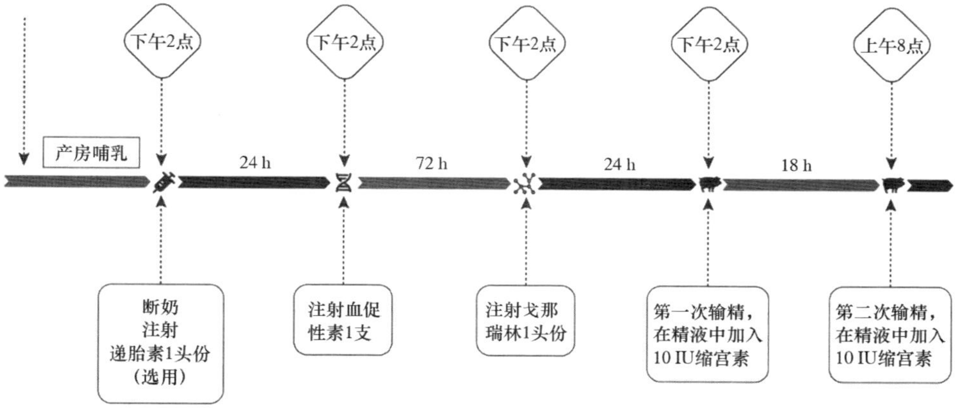

图 5-8 经产母猪批次化精准输精方案

①第 1 天：下午 2 点，断奶，同时注射递胎素 1 支。

②第 2 天：下午 2 点，注射血促性素 1 支。

③第 5 天：下午 2 点，注射戈那瑞林 1 头份。

④第 6 天：下午 2 点，所有母猪配种，配种时，在精液中加入 10 IU 的缩宫素，注意现配现用。

⑤第 7 天：上午 8 点，所有母猪复配 1 次；继续在精液中加入 10 IU 的缩宫素，提高受精率。

5.2.4 母猪的适时输精

5.2.4.1 发情母猪输精时间的确定

后备母猪出现静立反应后，要立即进行第一次输精。这是因为后备母猪的静立反应持续期比较短(1～2 d)，如果不立即配种，很可能错过静立反应时期。这里的“立即”指的是母猪上午查出静立反应，则当天上午第一次输精，下午查出静立反应，则当天下午第一次输精。

经产母猪出现静立反应后，要间隔 12 h 进行第一次输精。这是因为经产母猪的静立反应持续期比较长(2～3 d)，母猪是在静立反应出现后 40 h 后排卵，如果立即配种，精子是没有办法遇到卵子的。实际操作中，如果上午查出静立反应，则当天下午第一次输精；如果下午查出静立反应，则第 2 天上午第一次输精(图 5-9)。

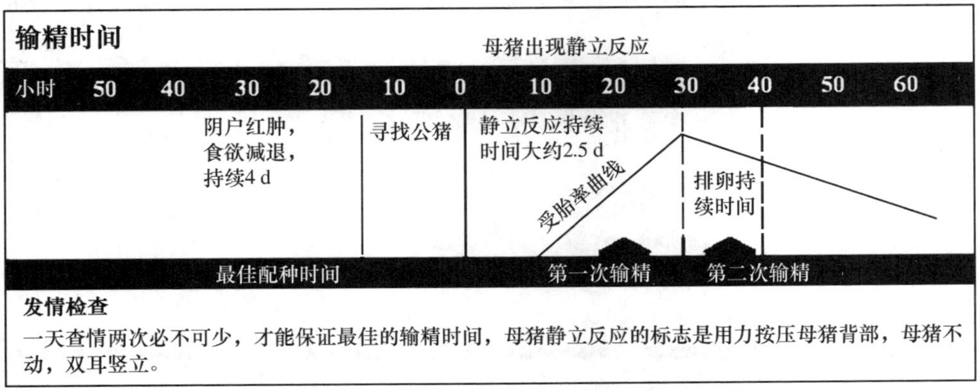

图 5-9 母猪的情期过程和最佳配种时间

(引自 pig international)

5.2.4.2 两种不同配种制度比较

在配种制度上，有部分猪场实行每头母猪每个情期输精 3 次，每次输精间隔 12 h(表 5-1)。也有部分猪场实行每头母猪每个情期输精 2 次，每次输精间隔 24 h(表 5-2)。

表 5-1 每个情期输精 3 次时间表

静立反应时间	后备母猪			经产母猪		
	第 1 次输精时间	第 2 次输精时间	第 3 次输精时间	第 1 次输精时间	第 2 次输精时间	第 3 次输精时间
第 1 天上午	第 1 天上午	第 1 天下午	第 2 天上午	第 1 天下午	第 2 天上午	第 2 天下午
第 1 天下午	第 1 天下午	第 2 天上午	第 2 天下午	第 1 天上午	第 2 天下午	第 3 天上午

表 5-2 每个情期输精 2 次时间表

静立反应时间	后备母猪		经产母猪	
	第 1 次输精时间	第 2 次输精时间	第 1 次输精时间	第 2 次输精时间
第 1 天上午	第 2 天上午	第 3 天上午	第 2 天上午	第 3 天上午
第 1 天下午	第 2 天上午	第 3 天上午	第 2 天下午	第 3 天下午

选择哪一种配种制度，需要根据猪场的实际情况，实际情况主要指的是母猪的静立反应持续时间和精液质量情况。在不同的猪场，由于母猪品种和营养状况的差异很大，母猪发情期静立反应的持续时间存在很大的差异，有的可以持续 3 d，有的仅能持续 1～2 d。对于母猪静立反应持续 3 d 的猪场，第二种配种制度会优于第一种；对于母猪静立反应持续 1～2 d 的猪场，第一种配种制度会优于第二种配种制度。

在不同的猪场，由于公猪管理和精液制作规范程度不一样，精液质量的差异很大，有的精液可以保存 5 d 以上，有的仅能保存 1～2 d。精液质量好，能够保存 5 d 以上，意味着精子可以在母猪体内存活的时间更长，2 次输精的间隔时间可以达到 24 h；精液质量不好，只能保存 1～2 d，意味着精子在母猪体内存活的时间更短，2 次输精的间隔时间最好为 12 h。

同一个猪场在不同的季节，也可以选择不同的配种制度。炎热的夏季，公猪的精液品质一般会比较差，这时候可以选择 2 次输精间隔 12 h 的配种制度。选择哪一种配种制度，不能盲目跟随，需要仔细地调研猪场的母猪发情情况和精子质量情况后决定。

猪场根据自己的繁育体系规划，选择相应的经济杂交方式，通过品质选配、亲缘选配或者基因组选配，促进优良基因的最佳组合，从而实现种猪资源价值最大化。

5.3 输精

随着科技的发展，出现了新的输精器材及输精方式，不同的输精方式在输精流程上存在一定差异，但整体过程大致相同。输精前要做好适配母猪的管理，根据生产计划准备合格的猪精及输精过程中用到的器材、设备等。输精前、中、后均要做好卫生管理，减少母猪出现生殖道感染情况。输精过程中做好输精难易程度评分，根据评分确定输精次数。

5.3.1 常温精液输精前的准备

5.3.1.1 精液的检查

每次在输精前都要检查精液的质量(图 5-10)，确保输入的精子有正常的授精能力。在生产过程中决不能省掉这一步骤。每头公猪的精液的成分并不完全一致，所以不是所有的公猪的精液都能保存 12～24 h。从 17 ℃保存箱取出精液，轻轻摇匀，滴取 1 滴(不能太小)置于 37 ℃恒温板上的载玻片，盖上盖玻片上预热 3～5 min 后，在 400 倍显微镜下检查活力，精液活力≥70%，才可进行输精。

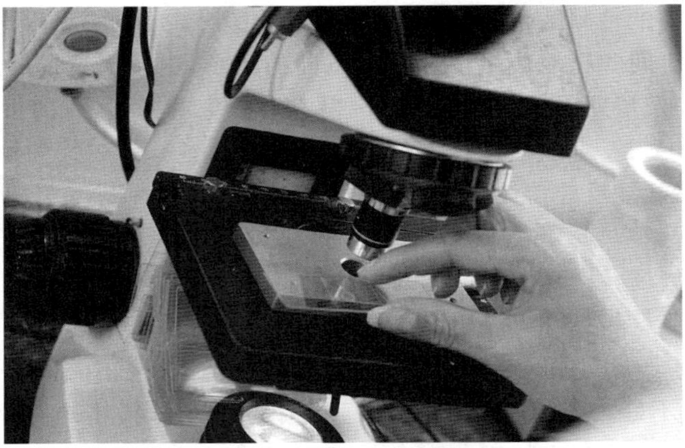

图 5-10　输精前精液质量镜检

5.3.1.2　各种工具的准备

主要有以下工具：卫生纸、输精夹、输精管、润滑剂、精液运输箱、精液包。

5.3.1.3　输精前的卫生工作

输精前要将母猪的外阴清理干净，避免输精时将污秽的物质带入母猪的生殖道内引起疾病。用干净的卫生纸将母猪外阴周围的粪便和脏物擦拭干净。一般不主张使用抹布和水洗，因为在实际生产过程中，抹布和水往往重复使用，这样会引起疾病的传播。如果每次在输精前用干净的水和一次性的纱布来清洗母猪外阴，然后再用卫生纸擦干净，这样会更加卫生一些。一般也不主张使用消毒剂清洗母猪外阴，因为消毒剂可能会进入母猪生殖道，少量的消毒剂也能杀死大量的精子。

5.3.2　冷冻精液输精前的准备

5.3.2.1　仪器及稀释液的准备

液氮罐、恒温水浴锅、50 ℃解冻杯、显微镜、全自动精子质量分析系统、解冻稀释液、剪刀、长针、精液瓶、毛巾/纸巾。

5.3.2.2　猪冻精解冻与稀释

1. 高温短时解冻（以百均达解冻方案为例）

从液氮罐中取出 4 支（0.5 mL/支）冻精细管，迅速投入 50 ℃解冻杯中。解冻 16 s 后迅速取出，将管外水分擦拭干净，用剪刀剪去细管封口端。用长针从冻精管另一端将精液挤入事先预热至 36 ℃的 40 mL 解冻稀释液中。摇匀后取 3～5 μL 精液样品，检测活力。解冻后杜洛克猪精液活力≥0.6，长白猪、大白猪精液活力≥0.65 的精液方可用于后续的输精配种。

2. 低温长时解冻(以加拿大冻精解冻方案为例)

从液氮罐中取出4支(0.5 mL/支)冻精细管,迅速投入36 ℃解冻杯中。解冻20 s后迅速取出,将管外水分擦拭干净,用剪刀剪去细管封口端。用长针从冻精管另一端将精液挤入事先预热至26 ℃的60 mL解冻稀释液中。摇匀后取3～5 μL精液样品,检测活力。解冻后杜洛克猪精液活力≥0.6,长白猪、大白猪精液活力≥0.65的精液方可用于后续的输精配种。

5.3.3 输精的操作

5.3.3.1 普通输精步骤

①将待配种母猪赶入专用配种栏,或者将公猪赶到母猪的输精区域,使母猪在输精时可与试情公猪鼻部接触,在母猪处于安静状态下输精。

②输精人员清洁双手,戴上手套完成操作。

③用干纸巾清洁母猪外阴。

④从密封袋中取出没受任何污染的一次性输精管(手不应接触输精管前2/3部分),在其前端凹槽涂上润滑液。

⑤将输精管45°向上插入母猪生殖道内,输精管进入10 cm左右之后,感觉到有阻力时,使输精管水平,继续缓慢用力插入,直到感觉输精管前端被锁定(轻轻回拉不动)。

⑥从精液贮存箱取出品质合格的精液,确认公猪品种、耳号。

⑦缓慢摇匀精液,用剪刀剪去精液袋管嘴,接到输精管上,使精液袋竖直向上保持精液流动畅通,开始进行输精。

⑧输精过程中,尽量避免采用用力挤压的输精办法,当输精困难时,可通过抚摸母猪的乳房或外阴、压背刺激母猪等方法,使其子宫收缩产生负压,将精液吸纳;如精液仍难以输入,可能是输精管插入子宫太靠前,这时需要将输精管往回拉一点。

⑨输精时间要求为3～5 min,输完一头母猪后应在防止空气进入母猪生殖道的情况下,把输精管后端一小段折起,使其滞留在母猪生殖道内3～5 min后,再将输精管慢慢拉出。

⑩输精记录。将公猪的耳号、母猪耳号、输精时间和输精效果评价填写在相应表格里。

为了提高输精效率,有些猪场采用了一些特殊的输精模式,如悬挂式输精(图5-11)和背带式输精(图5-12)。精液被母猪完全吸纳,需要1～3 min,悬挂式和背带式输精可以节省这一段时间,从而可以提高劳动效率。

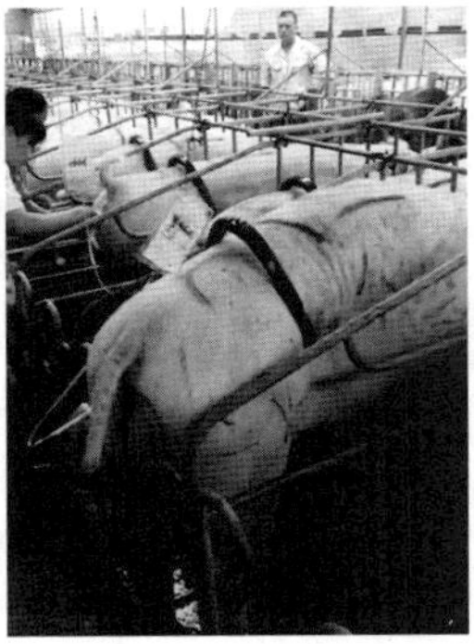

图 5-11　悬挂式输精

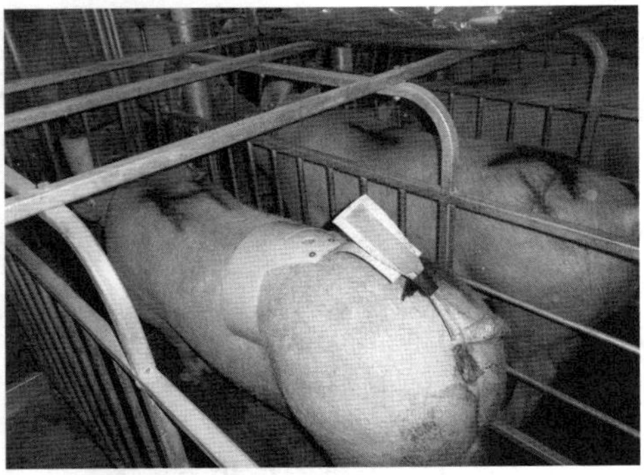

图 5-12　背带式输精

5.3.3.2　深部输精步骤

①清洁母猪的外阴部。

②插入输精管时，输精管外包装袋可以一起推进到接触母猪外阴部，然后推进输精管，直到输精管外管锁定。

③输精管外管插入，采用和普通输精同样的方法。

④插好输精管外管后重点是要等 1 min(后备母猪 2 min)再插入内管，这段时间可以进行另外 5 头母猪的输精管插入操作。

⑤1～2 min 后将内管轻轻插入母猪体内(强硬插入会造成母猪子宫炎症)。

⑥取下输精管外包装袋，连接输精管和输精袋。

⑦轻轻挤入精液或让母猪自己吸收精液。

⑧输精结束后马上去掉输精管。

⑨输精结束后，将公猪的耳号、母猪耳号、输精时间和输精效果评价填写在表格里。

5.3.3.3　猪场常见的输精模式

为了提高输精的效率，在大型规模化猪场常常利用背带式输精和悬挂式输精。这两种输精方式的主要优点是既能提高工人的劳动效率，一个工人可以管理 100 头左右母猪输精，又可以保证母猪自己将精液吸收，不用挤入精液，保证输精质量。

悬挂式输精的步骤与普通输精不同的是：

①连续清洁 30 头母猪的外阴。

②摇匀 30 份精液，并悬挂在母猪后方的铁丝上(预先拉好的铁丝)，并连接输精软管。

③插入输精管，并将输精管与输精软管相连，母猪自己会将精液吸收。

④在另外一头母猪上重复第 3 步操作，再依次处理第 2 头、第 3 头……直到第

30头母猪。

⑤返回第一头猪那里，检查输精状况，并拔掉输精管。再依次处理第2头、第3头……直到第30头母猪。

背带式输精和悬挂式输精的操作步骤相似，只是将精液包悬挂在母猪背上的输精背带上，原理是一样的。

5.3.4 输精中常见问题及解决方案

输精过程中常见回流的现象，主要是由于输精管的插入位置没有到位，或者是输精管的位置已经到了，但在输精过程中又被母猪排出，脱离原有位置。所以当发现精液回流的情况时，要第一时间检查输精管位置，并重新插入。如果精液回流的比例超过20%，需要补输精液。

输精中常见母猪不能自己将精液吸收，需要工人将精液挤入的现象，主要有两个原因：一是母猪不安静，来回走动。需要配种时有公猪在场，并给母猪配种提供安静的环境；二是后备母猪由于子宫的体积小，吸入的力量比较小。碰到这种情况时可以不必等待母猪自己吸收，轻轻将精液挤入即可。后备母猪不能自己吸入精液的比例大概有40%。

深部输精时常见内管很难插入的现象，主要是由于插入外管时，子宫颈口受到刺激产生收缩，阻止内管插入。这时候重要的注意事项是要等待1～2 min，等母猪放松下来以后再插入内管。一定不要强硬插入内管，这样会损伤母猪生殖系统，造成母猪的炎症。

5.4 输精后母猪的管理

输精后母猪的管理关系到配种成功率及产仔数，因此，输精后要做好母猪饲喂管理和栏舍环境管理，减少应激因素，确保栏舍安静，做好背膘测定，进行精准饲喂。

5.4.1 精准饲喂

精准饲喂是指根据母猪的膘情情况，给予不同的饲喂量。以往判断母猪的膘情，往往通过肉眼评分，通过人肉眼的判断去评估母猪的肥瘦。这种方式会受到经验、母猪品种品系等多因素的影响，存在很大的误差。一般通过肉眼判断母猪的膘情，准确率只有30%左右。现在更准确的办法是通过背膘测定去判断母猪的膘情。在母猪配种的时候用背膘仪检测母猪的背膘厚度，然后根据背膘厚度，给母猪提供相应的饲喂量，使每头母猪的膘情得到很好的控制，从而发挥出最大的繁殖潜力。以美系猪为例，母猪的背膘厚度与饲喂量呈负相关（表 5-3）。

表 5-3　母猪背膘厚与饲喂量

体重/kg	体况	P2 点背膘厚度/mm	配种 65 d 需要恢复的背膘/mm	达到目标背膘需要的最低采食量/kg	总赖氨酸/(g/d)
180 kg	非常瘦	8～12	8	3.4～3.6	13.3
	瘦	12～14	4	2.8～3.0	12.8
	好	16～18	0	2.3～2.4	12.3

5.4.2　背膘测定

背膘测定的位置一般是 P2 点，即最后肋骨处，距离背中线 4～6 cm 的位置。测定前需要剪毛，并涂上耦合剂以排除探头与猪体表之间的空气和作为超声波传播的介质。

背膘测定需要用到背膘仪。母猪的背中线位置脂肪有三层，肉眼不能见到脂肪的分界线，但仪器可以辨别。背膘仪一般有两种：A 超和 B 超。A 超有三个指示灯，测定时一个指示灯亮起，表示测定的是第一层脂肪厚度；第二个指示灯亮起，表示测定的是第一层和第二层脂肪厚度；第三个指示灯亮起，表示测定的是三层脂肪的厚度。所以在实际生产中用 A 超测定背膘，一定要等到第三个指示灯亮起并稳定 3 s 才能读数。

利用 B 超测定母猪的背膘厚度，是近些年发展起来的一项新技术，无论是准确率还是测定效率，都要高于 A 超。由于新的软件和硬件的发展，B 超测定背膘的时间只需要 2 s，而且准确率可以达到 99%。

5.5　早期妊娠诊断

妊娠诊断是通过妊娠诊断仪器对输精 22 d 后的母猪进行测定，确定母猪是否成功受孕，减少非生产天数，提高母猪终生繁殖效率。妊娠测定成功的关键在于测定时间的选择与测定位置的选定（图 5-13）。

5.5.1　早期妊娠诊断的意义

早期妊娠诊断是指在母猪配种后 30 d 内，通过仪器或其他方式来判断母猪是否妊娠的一项技术。通过妊娠诊断，可以及时发现没有怀孕的母猪，并对未怀孕母

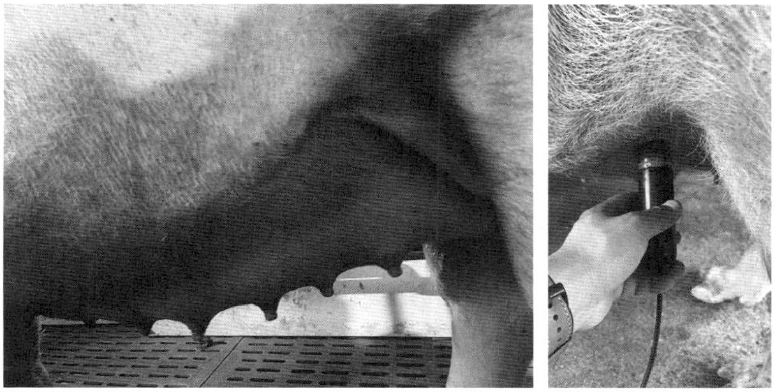

图 5-13　母猪早期妊娠诊断部位

猪采取相应措施促使母猪再发情或者淘汰，从而减少母猪非生产天数，提高繁殖效率。早期妊娠诊断仪器可分为 A 超仪、B 超仪，目前多采用诊断 B 超仪进行母猪妊娠诊断。

5.5.2　使用 B 超进行妊娠诊断的方法

B 超是利用换能器(探头)经压电效应发射出高频超声波透入机体组织产生回声，回声又能被探头接收变成高频电信号后传输给主机，被放大处理后在屏幕上显现被测机体组织的切面声像图。我们可以根据这些图像的差别来判断母猪是否怀孕。早期妊娠诊断主要是以探测孕囊或者孕体作为依据。孕囊在屏幕上对应的是圆形的暗区，孕体对应的是圆形暗区中(孕囊)的强回声光团或光斑(图 5-14、图 5-15)。

母猪配种后 22 d，就可以使用 B 超进行妊娠诊断。B 超检测的部位是母猪倒数第二、第三奶头距离腹部底线 5 cm 的位置。

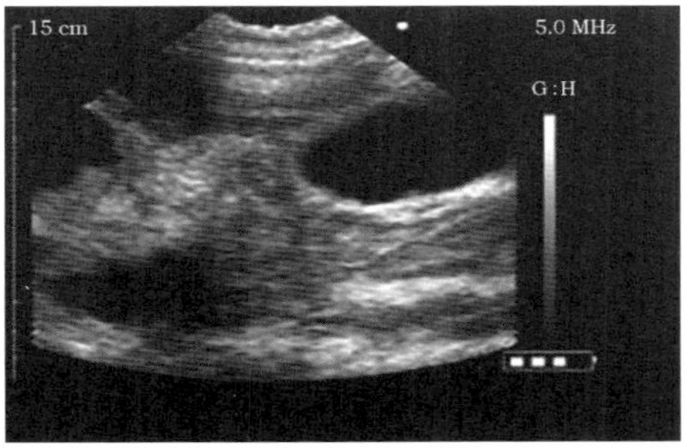

图 5-14　B 超成像的孕囊(25 d)

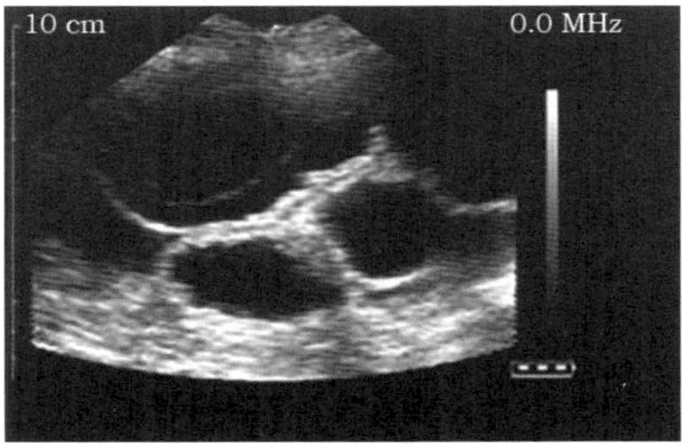

图 5-15　B 超成像的孕囊(35 d)

5.5.3 早期妊娠诊断后未孕母猪的处理

在规模猪场，早期妊娠诊断之前有用公猪检查母猪是否返情的步骤，时间为母猪配种后 18～22 d。如果公猪检查到母猪没有返情，但利用 B 超早期妊娠诊断发现未怀孕，可以将这些母猪返回到配种舍，再进行妊娠诊断确定是否怀孕，如果确认没有怀孕，可以对这些母猪采用激素处理，注射人绒毛膜促性腺激素和孕马血清，促使母猪再次发情。在繁殖成绩好的猪场，这样的母猪也可以直接淘汰。

思考题

1. 母猪诱情适合从多少日龄开始？如何选择诱情公猪？
2. 规模化猪场确定母猪适配时间的依据是什么？
3. 两次输精时间间隔是 12 h 好，还是 24 h 好？
4. 普通输精和深部输精相比，各自的优缺点是什么？
5. 母猪早期妊娠诊断的意义是什么？

第6章

公猪饲养与管理

【本章提要】公猪的种用价值不仅体现在其遗传品质，而且还体现在其生产优质精液的能力，以及其种用年限。公猪的饲养与管理对种用价值有重要影响。青年公猪和成年公猪给予适宜的营养以及饲喂模式，从而保持适宜的增重和体况，是公猪维持良好的性欲、产精能力、精液品质和肢蹄健康的重要保障。在能量和蛋白质未发生极端缺乏时，对公猪精液品质的影响十分有限，但精氨酸等功能性氨基酸、*n*-3 多不饱和脂肪酸，以及锌和维生素 E 等微量营养素却对公猪精液品质有重要调控作用。在管理方面，要注重引种计划的制定、隔离驯化、环境控制和肢蹄健康管理等。

6.1 影响公猪种用价值的因素

公猪的种用价值不仅体现在其遗传品质，还体现在其生产优质精液的能力，以及其维持高效地生产优质精液的时间，即种用年限。因此，影响种猪生产优质精液能力的因素，以及影响种用年限的因素，都是影响公猪种用价值的因素。

6.1.1 影响公猪种用年限的因素

种用年限短是公猪养殖中面临的一个重要问题，直接制约了优秀公猪繁殖潜力的发挥。20 世纪 90 年代，公猪种用年限仅有 20 个月；到 21 世纪初期，淘汰公猪年龄也主要集中在 1～2 岁；2015 年调研数据显示，我国人工授精站公猪的种用年限为 16～19 个月。

人工授精站公猪的种用年限由遗传改良主动淘汰和各种因素被动淘汰共同决定。造成公猪被动淘汰的因素主要包括精液品质差、肢蹄病及性欲差等。因此，通过提高公猪性欲，改善公猪精液品质，增强公猪肢蹄强健度对于提高公猪繁殖力、延长公猪种用年限以及提高猪场经济效益具有重要意义。

6.1.2 影响公猪性欲的因素

公猪性欲受遗传因素影响，杂种公猪性欲要强于纯种公猪。在环境因素方面，高温环境会导致公猪性欲降低。当环境温度比较凉爽时，高温引起的公猪性欲减退现象消失。每天光照时间大于 12 h 可以提高公猪性欲。此外，栏舍卫生也会对公猪性欲产生影响；当栏舍卫生条件很差时，公猪爬跨假台猪反应时间和开始射精时间变长，性欲降低。

饲养管理对公猪性欲有重要影响。采用大栏饲养幼龄公猪，会提高公猪性欲。调教使用过早会导致公猪性欲降低并影响后续性能力，6 月龄首次采精公猪开始射精时间显著长于 8～9 月龄调教使用的公猪。公猪采精频率过高也会导致公猪性欲下降，对于 8～10 月龄公猪，一般建议采精频率为 1 次/周；对于成年公猪也应合理制定采精频率，一般建议 2 周 3～4 次。公猪从 11 周到青春期(24～26 周)在自然光和人工光源补充情况下，保持每天 15 h 光照，可以提早性成熟和提高性欲，但对精液品质影响差异不显著。

体况对保持最佳性欲、精子产生和精子活力十分关键。公猪体型肥胖一方面会因性情懒惰不愿爬跨假台猪；另一方面，在交配或爬跨假台猪过程中由于承重过大容易引发肢蹄问题，公猪会因肢蹄疼痛而不愿爬跨假台猪。

6.1.3 影响公猪精液产量和精液品质的因素

精液品质差是导致公猪淘汰的主要原因之一。据统计，每年因精液品质差导致淘汰的公猪占总淘汰公猪的比例为 18.4%～26.4%。遗传、品种、季节、采精月龄及采精间隔均会影响公猪精液产量或精液品质。皮特兰猪和杜洛克猪每次射精的总精子数低于长白猪和大白猪。而且，杜洛克猪的精子活力和畸形率也往往较长白猪和大白猪的差。

在环境条件方面，采用大栏饲养幼龄公猪会提高公猪射精量。公猪每天于 34.5 ℃暴露 8 h 和 31 ℃暴露 16 h，持续 90 d 后，公猪精子活力和正常形态精子比例降低，生育力降低。光照条件的极端改变虽能影响公猪产精能力，但公猪能够逐渐适应光周期的变化。成年公猪在 24 h 人工光照或 24 h 完全黑暗的极端条件下持续饲养 3 个月，导致公猪的射精量和精子密度在饲养 1 个月时下降，而在 3 个月后恢复至处理前水平。传统半封闭模式下，公猪总精子数和精子质量显著低于空气过滤模式饲养公猪的。

在饲养管理方面，高频率的精液采集对精子的形态和活力有负面影响。与同期每隔 1 d 采集 1 次的公猪相比，连续 4 d 每天采集 2 次的公猪精液中精子畸形率高且活力低。精液采集杯的设计也会影响公猪的性行为。受到性刺激的公猪似乎能更快地完成精液收集，从而在更短的时间内处理更多的公猪，且这些公猪有更高的精子数。

在疾病因素方面，无论是睾丸和附睾的局部感染还是全身性的机能障碍均会导致雄性动物精液品质降低和生殖能力受损。

在营养因素方面，日粮能量水平、蛋白质、维生素及矿物元素对公猪精液产量或精液品质有重要影响。相关的具体信息将在本章 6.2 节中阐述。

6.1.4 影响公猪肢蹄健康的因素

肢蹄病是导致公猪淘汰的另一主要原因，因肢蹄病淘汰公猪的比例高达 20%～47%，而且会显著缩短公猪种用年限。蹄部损伤被认为是导致猪只跛行的三个主要诱因之一。尽管只有 5%～20% 的跛行母猪是由蹄部损伤造成的，并且轻微损伤没有显著疼痛的表现，但是随着损伤程度的加剧，可能导致猪只产生跛行。

蹄部损伤类型主要包括蹄踵腐蚀、蹄踵与足底连接处分离和撕裂、白线分离和撕裂、蹄壁水平和垂直撕裂、蹄部附近皮肤腐蚀、悬蹄生长过长。根据损伤程度对前后蹄内外侧每种损伤类型进行评分：0＝正常；1＝轻度损伤；2＝中度损伤；3＝重度损伤。损伤程度以总得分判定，总得分以不同部位不同损伤类型得分相加而得，得分越高表示损伤越严重。蹄部损伤程度不同评分不同（表 6-1）。

表 6-1 蹄部损伤评分标准

得分	损伤类型
	悬蹄损伤(DC)
1（轻度）	稍长于正常悬蹄
2（中度）	站立时悬蹄触及地面
3（重度）	悬蹄撕裂或部分或完全缺失
	蹄跟过度生长或腐蚀（HOE）
1（轻度）	蹄跟轻微生长过长或腐蚀
2（中度）	明显生长过长或腐蚀，伴随多处撕裂
3（重度）	生长过长或腐蚀处大量撕裂
	蹄跟-蹄底连接处撕裂（HSC）
1（轻度）	连接处轻微分离
2（中度）	连接处较长分离
3（重度）	连接处既长又深分离

续表 6-1

得分	损伤类型
	白线分离(WL)
1(轻度)	白线短和浅的分离
2(中度)	白线发生较长分离
3(重度)	白线发生既长又深分离
	蹄壁横向撕裂(CWH)
1(轻度)	蹄壁明显出血,短/浅水平撕裂
2(中度)	长但是浅的水平撕裂
3(重度)	蹄壁多处具有深的撕裂
	蹄壁纵向撕裂(CWV)
1(轻度)	短/浅纵向撕裂
2(中度)	长但是浅的纵向撕裂
3(重度)	蹄壁多处具有深的撕裂

造成蹄部损伤和跛行诱发因素很多,一般将其归结为:营养水平、地板系统、舍饲条件、管理水平和疾病因素。软骨病、关节软骨以及蹄部发育不良和损伤等均可影响骨骼、关节软骨和蹄部健康;而日粮组成、采食量和饲喂管理在此过程中同样起着重要作用。

漏缝板边缘锋利或者漏缝宽度设计不合理,容易造成公猪卡蹄,导致跛行。1.3～1.6 cm 板条缝隙能够最大限度地降低蹄部损伤的发病率,而 1.9～2.5 cm 的板条缝隙增加了猪只蹄部和悬蹄损伤的风险。实体地板并且铺垫厚稻草比铺垫薄稻草以及漏缝或半漏缝地板更有助于减少跛行发病率。相比于室内饲养体系,室外饲养体系同样能减少生猪跛行发病率。

地板表面潮湿会降低蹄部坚硬度,易引起蹄跟组织的软化和慢性的刺激,导致蹄跟腐蚀和蹄跟过度生长。与干燥清洁的地板相比,地面环境卫生较差显著增加了蹄部损伤感染和跛行的风险。因此,保持地面的清洁是预防蹄部损伤感染的有效手段。

6.2 公猪的饲养

人工授精站公猪的饲养要以充分发挥优秀公猪的种用价值为目标,分别针对青年公猪和成年公猪给予适宜的营养以及饲喂模式。青年公猪是指进入人工授精站后不足 12 月龄的公猪,成年公猪是指 12 月龄以上的公猪。由于青年公猪和成年公猪的生长速度不同，饲养目标存在差异，因此其营养水平和饲喂模式也存在一定差异。

6.2.1 青年公猪的饲养

6.2.1.1 青年公猪的饲养目标

通过限制饲养控制青年公猪适宜的增重并维持适宜的体况，是青年公猪饲养的重要目标。对于人工授精站而言，控制青年公猪增重的主要目的是降低肢蹄病的发生风险。而传统意义上通过控制公猪体型来适应后备母猪自然交配的体型需求，显然不应该再成为人工授精站公猪的主要饲养目标。

6.2.1.2 青年公猪的饲喂模式

《美国猪营养指南》和丹育猪公猪饲养指南中均推荐在公猪选留作种后(105 kg或5～6月龄)进行限制饲养，以防止体重过度增加。在从自由采食向限制饲养过渡的过程中，应该逐渐降低采食量，以实现平稳过渡。

历来很少有关于青年公猪适宜增重的报道。20世纪90年代曾有报道指出，150 kg、200 kg和250 kg对应的适宜增重为500 g/d、400 g/d和300 g/d。但最新的研究发现，对于美系杜洛克猪而言，在170～200 kg和200～250 kg两个生长阶段，推荐公猪日均消化能摄入水平分别为7.7 Mcal/d和8.2 Mcal/d、日增重分别为454.5 g/d和375.3 g/d较为适宜。在该饲喂量下可以保证杜洛克公猪获得最佳的射精量、总精子数和有效精子数，维持公猪正常性欲，同时降低阶段肢蹄病发病率和淘汰率。尽管高于该饲喂水平会有利于总精子数和有效精子数的提升，但是会显著降低公猪性欲，并增加阶段肢蹄病发生风险，从而影响种用年限。需要注意的是，该阶段限制能量摄入量的目的是防止体况超过标准，但氨基酸、矿物质和维生素等营养应得到充分保证。

体况检查应该在青年公猪首次调教时进行，随后应在公猪从隔离舍转到生产舍时再次测定体况。首次体况检查的目的是针对性地选择适宜的饲喂曲线。

6.2.1.3 青年公猪的营养推荐量

1. 能量

种公猪的能量需要是维持、配种活动、精液产生及生长的总和。基于析因法的公猪能量需要估计方法如下：

①维持的代谢能需要 $ME_m = 0.183\,2 \times 体重^{0.665}$，Mcal/d；体重单位为kg(下同)。

②生长的代谢能需要 $ME_g = 4.89 \times 体增重$，Mcal/d。

③精液产生的代谢能需要 $ME_s = 0.1$ Mcal/d。

④采精活动的代谢能需要 MEc=0.004 3×体重$^{0.75}$,Mcal/d。

⑤环境温度低于 17 ℃需要额外增加的能量 MEt=0.003 82×体重$^{0.75}$,Mcal/d;适用于饲养在漏缝地板上的单栏饲养公猪。

利用上述模型计算可知,体重 150 kg 的青年公猪的维持的代谢能需要为 5.13 Mcal/d,生长所需的能量需求为 2.45 Mcal/d,在没有开始采精调教前,其能量需要为 7.85 Mcal/d。该套估计值中维持的代谢能较 Wilson 等(2004)的估计值偏高,而生长所需的代谢能则偏低,总能量需要更低。这可能是因为现代公猪的瘦肉率更高,背膘更薄。因此,用于维持体温的能量需求可能增加。而现代公猪的饲料转化效率更高,在同样的增重目标下,需要消耗的能量降低,因而生长所需的代谢能减少。开始采精生产后,采精活动和精液产生所需的能量占比也较低,合计不超过 5%。

比较不同来源的营养推荐材料可见,NRC(2012)和《美国猪营养指南》对青年公猪的能量推荐量基本一致,但是稍高于《加裕种猪饲养指南》《丹育猪公猪饲养指南》和《PIC 猪公猪饲养指南》中的推荐(表 6-2)。这可能是因为遗传背景的差异,或采用的需要量估计方法不同。

2. 氨基酸

与能量需要类似,种公猪的氨基酸需要也是维持、配种活动、精液产生及生长的总和。目前,由于缺少公猪的研究,估计公猪氮沉积的模型是参考母猪的模型设计。然而,事实上公猪比母猪瘦肉率更高,相比于同体重大小的母猪,公猪的日氮沉积量应该高于母猪的。NRC(2012)中未分体重阶段推荐公猪营养需要,而是规定了预期能量摄入量为 7.838 Mcal/d,对应的阶段为青年公猪阶段。NRC(2012)给出的青年公猪氨基酸的需要量较低,而其他的一些营养推荐指导文件,如《美国猪营养指导》《丹育猪公猪饲养指南》《PIC 猪公猪饲养指南》中的氨基酸推荐量较 NRC(2012)高 15%~20%(表 6-2)。

表 6-2 公猪的能量、氨基酸和钙、磷的营养需要推荐

品系		美系			加系	PIC				
参考资料		NRC,2012	Replacement Gilt and Boar Nutrient Recommendations and Feeding Management,2010		Genesus Feeding Guidelines,2018	Boar Stud Management Guidelines,2017 Nutrient Specification Manual,2016				
体重			136~180 kg	180~295 kg		<159 kg	159 kg	205 kg	250 kg	295 kg
预期采食量/kg		2.5	2.5	2.7		2.3	2.5	2.7	3	3.3

续表 6-2

品系		美系			加系	PIC				
推荐日粮营养水平	DE/(kcal/kg)	3 402								
	ME/(kcal/kg)	3 300	3 300	3 300		3 086	3 086	3 086	3 086	3 086
	NE/(kcal/kg)	2 475	2 440	2 440	2 300	2 308	2 308	2 308	2 308	2 308
	SID-Lys/%	0.51	0.64	0.64	0.75	0.62	0.62	0.62	0.62	0.62
	SID-Met/%	0.08	0.17	0.17						
	SID-M+C/%	0.25	0.45	0.45	0.53	0.43	0.43	0.43	0.43	0.43
	SID-Thr/%	0.22	0.47	0.47	0.57	0.46	0.46	0.46	0.46	0.46
	SID-Trp/%	0.2	0.12	0.12	0.15	0.12	0.12	0.12	0.12	0.12
	SID-Val/%	0.27	0.44	0.44	0.51	0.42	0.42	0.42	0.42	0.42
	总钙/%	0.75	0.85	0.85	0.9	0.8	0.8	0.8	0.8	0.8
	可消化磷/%	0.33	0.35	0.35	0.45	0.45	0.45	0.45	0.45	0.45
	NDF/%					＞11	＞11	＞11	＞11	＞11
推荐营养摄入量	DE/(kcal/d)	8 080								
	ME/(kcal/d)	7 838	8 250	8 910		7 097.8	7 715.0	8 332.2	9 258.0	10 183.8
	NE/(kcal/d)	5 878	6 100	6 588		5 308.4	5 770.0	6 231.6	6 924.0	7 616.4
	SID-Lys/(g/d)	11.99	16	17.28		14.3	15.5	16.7	18.6	20.5
	SID-Met/(g/d)	1.96	4.25	4.59		0	0	0	0	0
	SID-M+C/(g/d)	5.98	11.25	12.15		9.89	10.75	11.61	12.9	14.19
	SID-Thr/(g/d)	5.19	11.75	12.69		10.58	11.5	12.42	13.8	15.18
	SID-Trp/(g/d)	4.82	3	3.24		2.76	3	3.24	3.6	3.96
	SID-Val/(g/d)	6.52	11	11.88		9.66	10.5	11.34	12.6	13.86
	总钙/(g/d)	17.81	21.25	22.95		18.4	20	21.6	24	26.4
	可消化磷/(g/d)	7.84	8.75	9.45		10.35	11.25	12.15	13.5	14.85
	NDF/(g/d)					＞253	＞275	＞297	＞330	＞363

3.矿物质和维生素

在常量矿物元素中,不同营养推荐材料对钙的推荐量为 17～21.25 g/d;有效磷的推荐量为 6.25～11.25 g/d,差异较大。丹育公司对钙和磷的推荐量最低,其次是 NRC(2012)。在饲料中使用植酸酶后,可以适当降低磷的水平。

青年公猪的维生素和矿物质与同体重的空怀母猪的营养推荐基本一致。其中一些对精液品质有重要营养的营养素值得重点关注。在微量元素中,锌是精子发生过程的必需元素。当锌缺乏时,会破坏生精小管上皮组织,导致精子发生受阻。此外,锌还对于维持角蛋白相关组织的结构正常具有重要作用,因此对肢蹄健康十分关键。

公猪锌的推荐量为 50～180 mg/kg。硒缺乏会导致精子尾部完整性下降和形态异常，从而降低精子活力和有效精子数。公猪硒的推荐量为 0.3～0.5 mg/kg。铬缺乏会损害雄性动物的繁殖力并降低抗应激能力。

在微量元素中，维生素 A、维生素 D 和维生素 E 对公猪的精液质量有重要影响，而生物素可能与肢蹄健康密切相关。

6.2.2 成年公猪的饲养

与青年公猪类似，成年公猪的营养需要研究也较为缺乏，且大多为 20 世纪八九十年代，甚至更早的研究，包括 NRC(2012)在内的一些营养需要推荐量多是基于这些研究的结果。因此，可能与现代公猪的真实营养需求存在一定偏差。从某种意义上讲，育种公司提供的营养指南可能更具有参考价值。这些营养推荐往往比 NRC(2012)推荐量高。本节将主要介绍成年公猪的营养需要和饲喂模式。

6.2.2.1 成年公猪的饲养目标

成年公猪饲养的总体目标是保持适宜的体况和增重，使公猪获得最佳的精液产量和精液品质，同时减少肢蹄问题和淘汰率。

对于人工授精站的公猪而言，使 90%种公猪的体况处于“正常”状态是重要的饲养管理目标。在 5 分的体况评价体系中，适宜的体况标准为 3～3.5，也可以通过测定背膘更客观和准确地反映体况。需要注意的是，不同遗传背景公猪的最适背膘厚可能存在差异。丹系公猪适宜的背膘厚为 13～16 mm，目前除丹系猪外，尚没有系统的研究提供翔实的参数。

与本交的公猪相比，人工授精站公猪的体型可不必过度重视，因为假台猪可以承受较大体重的公猪。然而，在确定公猪的最大体重标准时，仍必须考虑工人的操作和安全因素以及肢蹄病发生的风险。为了保障最优的种用年限，饲养水平应该保证最低水平的生长。1～2 岁的成年公猪的目标增重为 180～250 g/d，全年的体增重应为 65～90 kg。对于 2 岁以上的公猪，因为其已经接近成年体重，增重会明显降低。体重 300 kg、350 kg 和 400 kg 的公猪增重目标分别为 200 g/d、100 g/d 和 50 g/d。

6.2.2.2 营养对公猪种用性能的影响

1. 营养对公猪性欲的影响

严格和长期的限制饲养水平，导致体重显著下降，已被证明会导致公猪拒绝爬跨。喂食低蛋白质饲料，特别是当能量摄入也减少的时候，已经被证明显著降低了公猪对爬跨假台猪和产生射精的兴趣。繁殖性能下降是由于血液中雌二醇-17β 水平下降。然而，短期限制喂养水平或营养摄入对性欲的影响似乎微乎其微。为了增强公猪的侵略性，尽量减少其爬跨上假台猪的时间，有些公猪会饲喂比所需水平更高的蛋白质（比推荐水平高 5%～10%）。更重要的是，过度调节对公猪之后的性欲会产生有害影响。体重增加过多会使公猪变得更胖和昏昏欲睡，从而降低公猪的活动水平，也可能会通过降低公猪的运动稳定性和平衡性而降低公猪爬跨母猪的体能。

2.营养对公猪精液产量和精液品质的影响

（1）蛋白质和氨基酸（蛋白质水平、赖氨酸水平和功能性氨基酸水平）　在严格限制饲粮蛋白质水平（总赖氨酸水平为 6 g/d）时，种公猪的精液产量会显著下降；而提高蛋白质或赖氨酸水平时，则对公猪精液产量无明显影响，但会显著影响精子密度和活力。饲粮蛋白质水平对精液品质的影响与公猪的采精频率有关。在采精频率较低时，饲粮蛋白质水平提高（粗蛋白质：507 g/d vs. 744 g/d；赖氨酸：42 g/d vs. 57 g/d；蛋氨酸＋半胱氨酸：21 g/d vs. 38 g/d）对公猪射精的总精子数没有影响；但是在高采精频率下（3～4 次/周），提高公猪饲粮中赖氨酸和蛋氨酸水平，尤其是蛋氨酸水平，能够显著增加公猪每次射精总精子数，表明公猪采精频率高时，对于赖氨酸和蛋氨酸的需要量增加。

精氨酸是精子生成所必需的营养物质。成年公猪饲喂添加 1% Arg-HCl 的饲粮 30 d 后，公猪的射精量无显著变化，但精子数却显著提高了 18%，精子活率显著提高 8%。在夏季高温条件下，公猪饲喂含有不同浓度精氨酸的饲粮，可线性提高成年公猪的精液品质和抗氧化参数，并按照二次曲线模型提高公猪性欲，获得最佳精液品质和性欲对应的最适精氨酸浓度分别为 0.8%～1%和 0.8%。

机体的氧化还原状态与精子活力密切相关。在 H_2O_2 诱导的公猪氧化应激模型中，基础饲粮添加 2%天冬氨酸或谷氨酸能显著提高睾丸中抗氧化酶的活性，并降低炎症细胞因子的产生。牛磺酸是蛋氨酸的代谢产物，具有一定的抗氧化作用。成年大白种公猪按每千克体重饲喂含有 6 g/d 牛磺酸的饲粮 46～90 d，显著提高了种公猪的性欲、改善了精子密度和精子畸形率，显著降低了精子的氧化损伤，表现为丙二醛含量显著降低，同时超氧化物歧化酶（SOD）和谷胱甘肽过氧化物酶活力显著提高。朱宇旌等也发现，饲喂含 0.6%的牛磺酸饲粮 7 周后，成年大白公猪精子活力显著提高，同时精浆的 SOD 活性显著提高。

（2）脂肪酸　日粮中添加脂肪酸或使用脂肪酸组成日粮配方来提高或确保公猪最佳繁殖力，特别是 ω-3 脂肪酸，是一个新兴的研究领域。传统观念认为，在猪的日粮中脂肪和油脂是一种极好的能量来源，但是我们对脂肪的其他功能了解较少。ω-3 脂肪酸、一些脂肪和油脂的多不饱和脂肪酸成分，似乎对公猪的生育能力具有积极的影响，这些脂肪酸包括亚麻酸、二十碳五烯酸（EPA）和二十二碳六烯酸

(DHA)。

猪精子含有大量的二十二碳六烯酸,这表明二十二碳六烯酸很可能是保证公猪最佳生育能力的重要组成部分。研究表明,在6～12周的公猪日粮中,通过鱼油摄入的ω-3脂肪酸的含量表明,鱼油可以提高精子中DHA的浓度。此外,精子活力和前向运动精子的比例以及正常顶体评分也得到改善。向公猪日粮补充DHA和抗氧化剂的专有混合物,并随后与母猪交配,导致母猪繁殖成功率增加,窝均活仔数增加,公猪精子中DHA的比例也相应增加。

传统的玉米-豆粕型日粮含有非常少的ω-3脂肪酸。亚麻籽(亚麻)和菜籽油是亚麻酸的极好来源,而鱼油是EPA和DHA的唯一日粮来源。足够量的二十二碳六烯酸和(或)二十碳五烯酸可以在公猪体内由亚麻酸代谢。但是需要注意的是,所有的ω-3脂肪酸都是高度不稳定的,因此需要抗氧化剂的保护,以保持生物活性。

(3)维生素与矿物质　在有关营养物质对公猪精液品质和精子贮存期质量的影响中,抗氧化剂类营养物质一直占据重要地位。维生素E是经典的具有抗氧化功能的维生素。在NRC(2012)中,成年公猪的维生素E需要量为44 IU/kg(约30 mg/kg)。与饲喂满足NRC(2012)维生素E推荐量(38 mg/kg)的饲粮相比,饲喂维生素E不足(10 mg/kg)的饲粮90 d后,不同品种公猪射精的总精子数、精子密度、精子活力显著降低,而畸形精子数则显著增加。值得注意的是,种公猪饲粮适宜的维生素E水平可能与环境条件和日粮多不饱和脂肪酸水平关系密切。一般认为,在高温环境下,应在NRC推荐量的基础上提高饲粮维生素E水平1倍,以保护精子细胞膜免受氧化损伤。在饲喂添加鱼油的饲粮时,400 mg/kg维生素E相比200 mg/kg能显著提高精子活力,并降低精子氧化损伤。

除维生素E外,近年来的研究还发现维生素D对公猪的精液品质也具有调控作用。将饲料中的维生素D水平从NRC(2012)推荐的200 IU/kg提高到2 000 IU/kg时,血浆和精浆中的25-羟基维生素D_3的浓度显著提升,精子活力和有效精子数显著增加。值得注意的是,与同等水平维生素D_3(50 μg/kg)相比,种公猪饲粮中添加25-羟基维生素D_3能更有效增加血浆维生素D含量,从而改善精子的形态和运动能力,提高公猪的繁殖性能。维生素D对精液品质的调控作用可能与其提高血浆睾酮浓度,增加精浆Ca^{2+}和果糖水平以及酸性磷酸酶的活性有关。在已满足PIC推荐的维生素水平(0.1 mg/kg维生素C、3 284 IU/kg维生素D和81 mg/kg维生素E)的基础上,再额外添加560 mg/d维生素C、125 mg/d 25-羟基维生素D_3或275 mg/d维生素E并不能显著改善夏季人工授精站公猪的精液品质。由此可见,在实际生产中,使用NRC(2012)推荐的维生素水平可能不足以获得最优的精液品质。

6.2.2.3 营养对公猪肢蹄健康的影响

Ca和P水平及Ca/P比例对维持骨质必不可少。当饲喂低磷日粮时，如果Ca∶P超过1.3，会导致动物生产性能下降，骨骼发育不全。维生素D在骨骼发育过程中发挥重要作用，这与维生素D在调控Ca吸收、代谢和骨中Ca沉积方面的作用密切相关（Riet等，2013）；维生素D的活性形式1,25-二羟基维生素D_3能够维持血浆Ca、P水平，使其参与骨的矿化过程，当肝脏中维生素D发生羟基化作用时，Ca和P可利用率降低，进而影响骨质（Waldenstedt等，2006）。限饲（75%自由采食）时提高Ca、P水平[150%，NRC(1973)]，公猪蹄跟和蹄角损伤发生率低于自由采食组。生物素对猪蹄部损伤具有积极影响，生物素的低效利用增加了猪患跛行的风险。

6.2.3 成年公猪的营养推荐量

6.2.3.1 能量

如前文所述，目前存在两种主流的公猪能量需要估计方法。其中NRC(2012)采用的方法估计值较高。NRC(2012)对公猪的能量需要进行了估计：其中用假台猪采精时的产热为4.3 kcal DE/$BW^{0.75}$；精液产生的能量需要量，即平均每次射出精液的能量为62 kcal DE，能量利用效率估计为0.6，则每次射精的能量需要量为103 kcal DE（表6-3）。

6.2.3.2 蛋白质和氨基酸

成年公猪单位体重对于蛋白质的需求相对青年公猪较低，在摄入的氨基酸模型与妊娠母猪理想氨基酸模型接近的情况下，每天摄入260 g蛋白质可以满足其营养需求。粗蛋白质含量为14%～15%，赖氨酸含量为6～7 g/kg的饲料可以满足成年公猪的营养需求。对于过度使用的公猪，提高饲料的蛋白质、赖氨酸或者蛋氨酸的水平，才会起到提高公猪精液生产的作用，而在正常的采精频率下并没有显著影响。成年公猪的能量、氨基酸和钙、磷的营养需要要根据其需要量进行提供（表6-3）。

6.2.3.3 矿物质和维生素

在NRC(2012)中并没有区分青年公猪和成年公猪的矿物质与维生素的需要量，采用了同一推荐水平。值得注意的是，NRC(2012)推荐的是在理想条件下维持生产性能的最低营养需要量。而为了应对生产中可能存在的各种应激等情况，在实践中一些维生素和矿物质的量会在NRC(2012)的基础上适当提高。这也是一些育种公司推荐的矿物质和维生素的营养需要高于NRC(2012)的重要原因。公猪的微量元素和维生素的营养需要应根据公猪体重的不同进行适当调整（表6-3）。

表 6-3 公猪的微量元素和维生素的营养需要推荐

来源		美国			加拿大	英国 PIC					中国	
参考资料		NRC，2012	Replacement Gilt and Boar Nutrient Recommendations and Feeding Management，2010 Breeding Boar Nutrient Recommendations and Feeding Management，2010		Genesus Feeding Guidelines，2018	Boar Stud Management Guidelines，2017 Nutrient Specification Manual，2016					猪营养需要，2020	
体重/kg			136～180	180～295	—	<159	159	205	250	295	130～170	170～300
预期采食量/kg		2.5	2.5	2.7	—	2.3	2.5	2.7	3	3.3	2.35	2.65
矿物元素推荐水平	钠/(g/kg)	1.5	1.5～2.5		2.00	2.20					—	
	氯/(g/kg)	1.2	1.2～3		—	2.20					1.20	
	镁/(g/kg)	0.4	—		—	—					0.40	
	钾/(g/kg)	2	—		—	—					—	
	铜/(mg/kg)	5	5～20		15	15					5	
	碘/(mg/kg)	0.14	0.15～0.5		1	0.35					0.14	
	铁/(mg/kg)	80	80～200		150	100					80	
	锰/(mg/kg)	20	20～45		50	50					20	
	硒/(mg/kg)	0.3	0.15～0.3		3	0.3					0.3	
	锌/(mg/kg)	50	50～200		120	125					50	

续表 6-3

来源		美国		加拿大	英国 PIC	中国
维生素推荐水平	维生素 A/(IU/kg)	4 000	3 968～15 432	12 000	9 921	4 000
	维生素 D/(IU/kg)	200	198～1 543	1 500	19 841	800
	维生素 E/(IU/kg)	44	44～88	70	66.1	80
	维生素 K/(mg/kg)	0.5	0.6～6.6	4.5	4.4	0.5
	生物素/(mg/kg)	0.2	0.2～0.7	0.45	0.22	0.2
	胆碱/(g/kg)	1.25	0.55～1.1	0.65	600	1.3
	叶酸/(mg/kg)	1.3	1.8～4	2	1.32	1.3
	烟酸/(mg/kg)	10	11～77.2	45	44.1	10
	泛酸/(mg/kg)	12	11～44.1	35	33.0	12
	核黄素/(mg/kg)	3.75	4.4～17.6	10	9.9	3.8
	硫胺素/(mg/kg)	1	—	2	2.2	0.9
	吡哆醇/(mg/kg)	1	0～5	3.3	3.3	1.2
	维生素 B_{12}/(μg/kg)	—	15.4～44.1	40	37.5	16

6.3 公猪管理

猪人工授精站种公猪的日常管理包括隔离驯化、饲养管理、猪舍环境控制、肢蹄健康管理以及公猪淘汰管理等。良好的生产管理是获得优秀的精液品质、充分发挥公猪的种用价值的关键，也对猪人工授精站的生产效益和盈利能力有重要影响。

6.3.1 隔离驯化期管理

隔离驯化是引种过程中最重要的环节，直接关系到种猪在生产中的表现。隔离驯化的目的是维持原有猪群的健康状态，隔离主要是避免引进新的疾病，驯化更多考虑避免已经存在的病原攻击引进种猪，降低引进种猪和原有猪群的死亡风险。猪人工授精站公猪进站需在隔离舍饲养 4～8 周，在隔离驯化期间应该严格遵守全进全出的管理策略。良好的栏舍条件、科学的饲喂和管理将有利于公猪的体况控制、肢蹄和胃肠健康，从而使公猪入群后获得更长的种用年限和更好的精液品质。

6.3.1.1 隔离驯化前准备

1. 人员安排

可安排专门人员负责隔离舍的饲养管理工作。一旦进猪后，隔离舍的工作人员应该保持与其他工作人员的零接触。如确需在隔离舍工作后进入其他畜舍，需要至少隔离过夜，并做好沐浴、更衣和消毒。

2. 栏舍和物资准备

隔离舍必须与在群公猪栏舍严格分离。出于生物安全的考虑，在公猪到达人工授精站前，需要对隔离舍进行清洗、消毒和干燥，并应清空泡粪池的粪污。

主要工作流程如下：①在冲洗前应对墙面、地板和所有设施设备的表面进行去污剂喷淋，并保持 12～24 h；②高压水枪（清水）冲洗至所有表面洁净后，再用高压水枪（去污剂＋水）冲洗，然后用高压水枪（清水）再次冲洗，随后进行消毒；③干燥，应保证环境温度高于 20 ℃。在进猪前应达到完全干燥的状态。可以根据实际情况考虑在栏圈中铺设稻草和垫料。

此外，饮水系统的消毒也十分重要。饮水器形成的生物膜中可能存在大量的致病菌。因此，需要对饮水系统冲洗两次后进行消毒，并至少再进行一次全系统的冲洗（图 6-1）。

主要步骤如下：①对所有饮水器表面冲洗后进行第 1 次饮水系统冲洗；②在种公猪到达前一天进行第 2 次冲洗；③饮水系统中注入清洁剂并保持约 5 h；④在种公猪到达前用清水冲洗至少 1 次。

图 6-1　饮水器冲洗

（用夹子夹住饮水器达到冲洗的目的）

隔离舍的适宜温度为 15～20 ℃，在公猪到达前应将栏舍温度调整到适宜范围。隔离舍的工作服和靴子等工具应为专用，并提前做好消毒工作。准备种公猪过渡期饲料，以及青年公猪饲料，其中过渡期饲料的营养水平和饲料组成应尽量保持与种公猪来源场的饲料接近。准备好疫苗、治疗药物等其他必需的生产资料。

3.引进公猪

在确定公猪进站计划后，需提前 45～60 d 订购种公猪，以便育种场选择优秀的公猪，以及开展必要的健康检查和环境适应。引入新的公猪入站需要特别注意疾病引入的风险。在引种时应遵循如下两个关键原则：一是尽量控制引种的来源；二是在猪人工授精站和供种场兽医的指导下，选择与在群公猪健康状态匹配的公猪。

为将疾病的引入风险降到最低，应尽可能地通过抗原和抗体检测、兽医现场考察等手段了解供种场的猪群健康档案。通过比较人工授精站和供种场的猪群健康档案来决定是否从此供种场引种。如果供种场近期发生过严重疫病或人工授精站疾病史以外的疫病，则要谨慎考虑是否从该场引种。需要考虑的健康档案包括猪瘟、非洲猪瘟、伪狂犬病、蓝耳病、口蹄疫和布鲁氏菌病的抗原和抗体情况，是否存在细小病毒、猪传染性胃肠炎、钩端螺旋体病、猪传染性胸膜肺炎、猪流感和猪肺炎支原体的发病史。近期大肠杆菌腹泻、沙门氏菌感染、猪痢疾、猪增生性肠炎、萎缩性鼻炎、疥癣、丹毒、链球菌感染等疾病的发生情况。

公猪在转运过程中应尽量控制应激、损伤和疾病的发生。如果应激和疾病导致了体温的极端变化可能会损害公猪的繁殖力，甚至会发生持续时间长达 6～8 周的暂时性不育。因此，在种公猪转运时应根据公猪的体重、车厢温度、运输距离确定适宜的密度（表 6-4），并注意以下环节：①不要在采食后 2 h 内装车运输；②在装车之前对运输车辆进行清洗和消毒；③车辆应有温度控制系统，并在车厢铺垫料；④将来源不同栏圈的公猪放置在车厢的不同栏位中；⑤装车和卸车时禁止暴力驱赶；⑥根据公猪的体重，运输车的温度和运输距离保持适宜的运输密度。

表 6-4　依据公猪体重、车厢温度和运输距离的适宜运输密度

体重/kg	每头公猪需要的面积/m^2			
	≤27 ℃	27～32 ℃	≥32 ℃	≥32 ℃且运输距离≥400 km
109～117	0.3	0.4	0.4	0.5
118～138	0.4	0.4	0.5	0.6
139～165	0.5	0.5	0.5	0.7
166～181	0.5	0.6	0.6	0.7

公猪接收时应核对猪只信息，确认已经完成的免疫程序。接收时需按栏分批次赶猪进入，并且保证公猪能及时获得干净的饮水和饲料。

6.3.1.2　隔离驯化期饲养管理

1. 饲养管理

为降低环境改变导致的应激，在种公猪到达隔离舍的当天应饲喂与供种场相似的饲料，然后以供种场饲料与新饲料比 7∶3、5∶5、3∶7逐步换料过渡到新饲料。根据公猪体重，在隔离期每天饲喂 2.3～2.5 kg 饲料，饲料的营养水平见本章表 6-2 和表 6-3。每周检查公猪的生长速度，计算其日增重。在隔离舍中不要采用药物保健饲料，防止疾病症状被掩盖。

2. 健康管理

每天检查公猪是否有疾病和受伤迹象，应记录异常情况及其发展状况。如果症状恶化，应及时联系兽医处理。

根据入站公猪的年龄、公猪站的疾病情况以及公猪入站前的免疫情况，合理安排免疫程序。根据不同场的情况，制定特定疾病的检测方案，对所有公猪采血检测。具体的免疫程序和疾病检测方案建议见本书第 8 章。不同场的免疫程序和疾病检测方案应根据兽医意见适时调整。如果公猪的健康状况不理想，应延长隔离时间直到通过健康检查。

3. 人猪接触关系的建立

引进的青年公猪达到 6.5 月龄的时候可以开始采精调教。在正式开始调教之前的适应期，应该尝试建立良好的人猪接触关系。人猪接触对于公猪社会行为的发展有重要影响。因此，所有友好的人猪接触都应该是对公猪社会行为的发展有益的。在日常管理中，应尝试尽可能多地调训公猪。当进行调训时，应注意以下关键点：当进入栏圈后，所有的行动应该轻缓但果断，以保证获得较好的人猪接触，但同时也应保证安全且应有一定预见性；可通过轻抚其后背以获得较好的人猪接触关系，并且训练其认识人的声音或者哨声；允许公猪主动且友好地与人接触，因其会使公猪感觉到与人一起时更为舒适，有利于在后续调教工作中建立起公猪的信任。在公猪青年时期，不要使其养成坏的行为，如当人进入栏圈时顶咬挡猪板。

4. 精液检查

约有 1/10 的青年公猪可能存在繁殖障碍。因此，对青年公猪进行精液检查，及时淘汰问题公猪，对于降低饲养成本具有重要意义。公猪至少要到 7 月龄才能到达性成熟，因此精液检测应在 8 月龄左右进行。

一般会对公猪调教时获得的精液进行精液品质检测，包括精子活力、精子密度、畸形率和精液量等指标。如果连续 2 次检测不合格，应反馈给公猪供应商，如果 8 周后仍不能恢复，应淘汰。

6.3.2 生产公猪管理

6.3.2.1 公猪饲养管理

1. 饲喂管理

猪人工授精站公猪的饲喂模式及饲料营养水平见本章 6.2 节，注意饲喂量应根据公猪的体况和环境条件做适当的调整。如采用的是自动料线，应每 2 周校正下料量。每天应在公猪采食完成后及时清理料槽。

2. 饮水管理

保证饮水充足和洁净。饮水质量应符合《无公害食品 畜禽饮用水水质》(NY 5027—2008)(表 6-5)。此外，根据 NRC (2012)等其他畜禽饮水质量推荐，还需注意 NY 5027—2008 中未涉及的元素、总可溶固形物(表 6-6)的含量，每年应 2 次检查饮水质量。每头公猪每天的饮水量约为 17 L。为达到该饮水量，应保证饮水器的出水速度不低于 1 L/min，并且应该每月检查 1 次出水速度。在清理料槽时应检查饮水器是否正常工作。

表 6-5 畜禽饮用水水质安全指标

	项目	标准值	
		畜	禽
感官性状及一般化学指标	色	≤30°	
	浑浊度	≤20°	
	臭和味	不得有异臭、异味	
	总硬度(以 $CaCO_3$ 计)/(mg/L)	≤1 500	
	pH	5.5～9.0	6.5～8.5

续表 6-5

项目		标准值	
		畜	禽
感官性状及一般化学指标	溶解性总固体/(mg/L)	≤4 000	≤2 000
	硫酸盐(以 SO_4^{2-} 计)/(mg/L)	≤500	≤250
细菌学指标	总大肠菌群/(MPN/100 mL)	成年畜 100,幼畜和禽 10	
毒理学指标	氟化物(以 F^- 计)/(mg/L)	≤2.0	≤2.0
	氰化物/(mg/L)	≤0.20	≤0.05
	砷/(mg/L)	≤0.20	≤0.20
	汞/(mg/L)	≤0.01	≤0.001
	铅/(mg/L)	≤0.10	≤0.10
	铬(六价)/(mg/L)	≤0.10	≤0.05
	镉/(mg/L)	≤0.05	≤0.01
	硝酸盐(以 N 计)/(mg/L)	≤10.0	≤3.0

引自《无公害食品　畜禽饮用水水质》(NY 5027—2008)

表 6-6　猪的饮水质量标准

项目	标准	项目	标准
钙/(mg/kg)	<1 000	汞/(mg/kg)	<0.003
氯/(mg/kg)	<400	亚硝酸盐/(mg/kg)	<10
铜/(mg/kg)	<5	硝酸盐/(mg/kg)	<100
氟/(mg/kg)	<2～3	磷/(mg/kg)	<7.80
碳酸钙/(mg/kg)	<60 软 >200 硬	钾/(mg/kg)	<3
铁/(mg/kg)	<0.5	钠/(mg/kg)	<150
铅/(mg/kg)	<0.1	硒/(mg/kg)	<0.05
镁/(mg/kg)	<400	总可溶固形物/(mg/kg)	<1 000
锰/(mg/kg)	<0.10	硫酸盐/(mg/kg)	<1 000
		锌/(mg/kg)	<40
每毫升的总菌落数 37 ℃/99 ℉	<200 总菌落/mL		
每毫升的总菌落数 22 ℃/72 ℉	<10 000 总菌落/mL		
大肠杆菌/100 mL	0		

改编自 NRC(2012)、水质指南特别工作小组(1987)和加拿大水质指南(内陆水域管理局,渥太华,安大略)

6.3.2.2　公猪舍环境控制

公猪舍的环境条件对公猪的精液品质和种用年限有重要影响。温度、湿度、空气质量以及洁净程度会不同程度地影响公猪的精液品质。此外，地板的环境条件，如洁净度和潮湿度等会影响公猪的肢蹄健康，从而影响其种用年限。因此，通过控制适宜的通风，采取必要的措施维持环境洁净度，对于人工授精站获得良好的经济效益具有重要意义。

1. 温度

(1)温度对公猪繁殖力的影响　如果环境温度超过 85 ℉(29.4 ℃)可能会引起公猪精液品质下降，影响长达 4～6 周的繁殖能力表现。即使是 3～4 d 的短期热应激也会引起精液品质下降，导致与配母猪分娩率和产仔数降低。

(2)判断公猪热应激的方法　监控公猪的呼吸频率是判断其是否发生热应激的简单、有效的方法。呼吸频率可以通过观察胸腔的起伏确定，胸腔的一次扩张和收缩过程可视作完成一次呼吸。公猪正常的呼吸频率为每分钟 25～35 次。但当处于热应激条件下时，呼吸频率可能会达到每分钟 75～100 次。当温度超过 85 ℉(29.4 ℃)时，建议观察公猪的呼吸频率。如果呼吸频率超过每分钟 40～50 次，应该立即采取降温措施。

(3)温度控制参数　为避免热应激影响公猪精液品质，畜舍温度应控制在 17～23 ℃，同时保证湿度在 40%～70%。

2. 通风

(1)通风对公猪的影响　公猪舍的通风不仅会影响温度，而且会影响空气质量和环境湿度。最佳的通风对保障公猪的精液品质，控制环境细菌的生长，保障公猪的肢蹄健康和良好的免疫力均十分重要。通风管理的目标是达到期望的温度设置和保持适宜的湿度和空气质量，维持公猪的舒适度。

(2)通风控制参数　应以温湿度控制在适宜水平为重要目标，同时保证空气质量来调节通风参数。对于空气质量而言，要求氨浓度小于 20 mg/m^3，二氧化碳浓度小于 3 000 mg/m^3，硫化氢浓度小于 5 mg/m^3。一般而言，适宜的通风强度为 14～150 CFM(CFM，英尺^3/分钟)，通风速度为 400～800 FPM(FPM，英尺/分钟)。

3. 环境洁净度

(1)环境洁净的重要性　精液细菌污染对精液品质及其保质期均有不利影响。精液中的细菌污染主要来自采精过程中的环境微生物，尽管在生产条件下很难做到在无菌条件下采集精液，但是采取尽可能减少细菌污染的措施仍然十分重要。此外，洁净的地板对公猪的肢蹄健康有重要影响，湿滑的地面会增加肢蹄损伤的风险。

(2)保证环境洁净的关键点　为保证最佳的环境洁净度，应注意以下关键点：

如果采用漏缝地板，应保持干燥和洁净。尽可能地保持躺卧区域干燥，无粪污。采用稻草垫料时，应至少每周更换1次，并且进行常规的霉菌毒素检验。使用的锯末应根据其受潮的程度，每年更换1～3次。每年至少进行1次栏舍彻底的清洗和消毒，清洗消毒方案应依据垫料材料和湿度合理选择。保持采精区无粪污和垫料污染。每个采集工作日结束后应对采精区进行清洗和消毒，包括用高压水枪冲洗，去污剂冲洗和消毒剂清洗等流程。清洗时不要忽略假母台的底部。

其他关于采精用具、采精过程和精液加工过程中的洁净操作见本书第3章和第4章内容。

6.3.2.3 肢蹄健康管理

1. 修蹄

公猪修蹄可参考母猪修蹄方法。当后备公猪蹄长约3英寸(7 cm)时，需对其修剪，当蹄长超过2英寸(5.8 cm)时应引起重视。判断公猪蹄部长度的一个简单方法是：观察公猪行走时是否同时使用了四个蹄，如果发现其中有一个蹄部没有着地，就说明这个蹄部有问题。建议越早观察及修剪公猪蹄部问题，越有利于确保蹄甲长度适中，内趾没有向侧面疯长。

修蹄应选择公猪休闲时进行，应避免在采精栏修整。常规修剪可预防公猪蹄部过长而造成的蹄裂问题。如果猪蹄过长，都快接触到趾掌时，公猪便会出现跛行。出现蹄裂的公猪会表现为拖行，坏蹄与地板发生较长时间的摩擦会导致进一步坏死。

在日常修剪中，可按以下4步法修剪肢蹄。

第一步：修剪蹄趾。

理想的蹄长为50～58 mm，青年公猪的蹄部修剪可以更短一些。在修蹄时应当将公猪固定在特定的固定栏内，以防打磨过程中造成伤害。或者使用可吊起的专用修蹄栏，方便修剪操作。开始修剪前首先用尺子测量蹄趾长度，做好修剪标记。用钳子将公猪蹄部末端修剪掉。修剪时要一点点、慢慢地进行，每剪掉一部分后，要观察确认继续修剪是否安全。一些公猪的蹄部可能有一个过快生长的蹄趾和一个非常短(发育不良)的蹄趾。这种情况下，不能按照短趾的长度来修剪长趾。

第二步：蹄底和蹄壁修整。

在用钳子修剪完后，需再用打磨器将修剪的蹄部末端打磨平整，以免带来其他问题。也可以采用角度打磨器去掉蹄壁的上端及相应内部结构，将蹄部外形呈现为直线形，而不是内凹形。蹄趾的过快生长往往使蹄壁发生弯曲，导致蹄趾凹陷，用角磨机将蹄趾端部发生弯曲的部分磨掉，用以矫正蹄壁，蹄壁从冠状带到承重面应该是笔直的。

第三步：蹄底、蹄踵找平。

公猪蹄底的修整程度取决于猪场所使用的地板。相比于光滑地板饲养的公猪，水泥地板饲养的公猪蹄底磨损程度更高。同样，相对于定位栏来讲，需要投入更多的时间来修整群养公猪蹄底。

用打磨器仔细处理公猪蹄底，使公猪体重均匀分布在蹄部。打磨后用蹄刀修整，注意不要伤到内部组织。蹄踵生长过快时，用磨机或蹄刀去掉一些软组织即可。通常，外部蹄踵生长要快于内部蹄踵。不过，如果护理仔细的话，两侧是可以均衡发育的(内部蹄踵本身很小或发育不良的情况除外)。不可将蹄踵修剪得跟蹄底一样平，因为公猪走动时，蹄踵是身体的"第一冲撞"减震器。

第四步：修剪悬蹄。

悬蹄的过快生长可能导致肢蹄损伤，甚至影响公猪的正常运动。正常的悬蹄角长度一般为 20 mm。在修剪时，应将悬蹄的长度与蹄底保持在同一水平面。用钳子去掉多余的悬蹄长度，修剪时要小心，直到保留合适的长度。使用角磨机将悬蹄边缘打磨光滑。

利用锋利的蹄刀将松动摇晃的脚趾修剪掉，直到能看清脚趾内部组织为止。在这个过程中需要特别注意，切勿损伤猪蹄使其流血或伤害到内层真皮。如果出血了，说明修剪得有些过度，已经伤到真皮组织了。适当保留些脚趾比修剪过度要好。另外，不要修剪得太深，以防伤到内部组织。

利用常规修剪来预防公猪肢蹄问题，比治疗肢蹄问题方便、实际得多。公猪站解决公猪肢蹄问题最好的措施就是制定常规修剪制度，而不是出现肢蹄问题后再处理。常规修剪能最好地保证公猪蹄部健康，降低淘汰率，延长使用年限。

2. 药浴

在采精公猪返回栏舍的通道上可设置硫酸铜药浴，使公猪采完精返回栏舍的过程中肢蹄完成药浴。该方法有利于增加肢蹄的硬度，防止肢蹄损伤。除硫酸铜外，也可使用硫酸锌、福尔马林、戊二醛和季胺类化合物等进行药浴。

3. 栏圈环境管理

注意地板的干燥程度，潮湿的地面可能会导致蹄底变软，增加损伤的风险。此外，对于漏缝地板的缝隙边缘，以及料槽和栏圈均应保证无尖锐棱角。保证假台猪固定完好。在已经发生肢蹄损伤问题的公猪栏圈里放置垫子以提高公猪的舒适度，并帮助其恢复。应该准备能够 10% 存栏公猪使用的垫子。

对于发生物理性损伤及感染的情况，应采用抗生素和抗炎药治疗方案。此外，对于发生肢蹄损伤而跛行的公猪应停止采精，直到其恢复。

6.3.2.4　公猪淘汰管理

1. 淘汰原因

(1)自然淘汰和异常淘汰　种公猪的淘汰包括自然淘汰和异常淘汰。自然淘汰通常指对老龄公猪的淘汰，也包括由于生产计划变更、种群结构调整、育种的需要，而对公猪群中的某些个体（群体）进行针对性的主动淘汰。自然淘汰包括衰老淘汰和计划淘汰。其中衰老淘汰是指在生产中使用的公猪，由于已经达到了相应的年龄或使用年限较长，配种机能衰弱、生产性能低下而被淘汰。计划淘汰是指为了适应生产需要和种群结构的调整，对在群公猪进行数量调整、品种更新、品系选留、净化疫病等，主动对原有公猪群进行有计划、有目的的选留和淘汰。异常淘汰是指由于生产中饲养管理不当、使用不合理、疾病发生或公猪本身未能预见的先天性生理缺陷等诸多因素造成的青壮年公猪在未被充分利用的情况下而被淘汰。公猪异常淘汰的原因一般包括体况异常、精子活力差、性欲缺乏、繁殖疾病、肢蹄病和恶癖等。

（2）人工授精站公猪的淘汰原因分布　对于公猪而言，其繁殖力在9～20月龄期间不断提高。公猪较高水平的繁殖力会持续到3周岁甚至更久。但是，在完善的育种体系的支持下，青年公猪的基因会优于这些3周岁以上的公猪。对核心群公猪而言，遗传改良是公猪淘汰的主要因素；其次是精液品质和肢蹄问题；但对社会化公猪站而言，如果基因更加优良的精液不能形成对稍差基因精液明显的价格优势，则遗传改良不是淘汰时考虑的首要因素，更多的淘汰是由于高龄、精液品质和性欲问题，以及跛行。通过对我国社会化的人工授精站的淘汰数据分析发现，造成公猪淘汰的因素主要包括肢蹄病、精液品质差及疾病，占淘汰原因的比例比分别达到36.3%、28.0%和9.0%。

2.淘汰与种用年限

（1）种用年限　公猪种用年限是指从引种到淘汰时所使用的时间。对于人工授精站而言，优秀公猪因为肢蹄病等原因被过早淘汰会使种用年限缩短，制约了公猪繁殖性能的发挥，进而导致人工授精站生产效率下降，经济损失增加。根据种公猪的精液品质发育规律，自然淘汰公猪的种用年限至少能达到36个月。然而，我国人工授精站的种用年限不足19个月。因此，通过提高公猪性欲，改善公猪精液品质，增强公猪肢蹄强健度，以及做好疾病防控对于提高公猪繁殖力，延长公猪种用年限以及提高人工授精站经济效益具有重要意义。

（2）影响淘汰和种用年限的主要因素　肢蹄病、精液品质差、性欲差和疾病是导致公猪淘汰的主要原因，因此影响这些原因发生的因素均对公猪的种用年限有影响。此外，通过生产大数据分析发现，杜洛克公猪种用年限显著短于长白公猪，而长白公猪与大白公猪差异不显著；大栏饲养模式下公猪种用年限显著长于定位栏饲养模式公猪；5～6月龄调教使用公猪种用年限显著短于8～9月龄调教使用公猪。

需要注意的是，上述这些因素可能因为特定公猪站的生产条件不同而发生改变。因此，在生产中针对特定的人工授精站分析影响种用年限或精液品质差等因素的发生原因，就显得十分必要。这将有利于准确地剖析出特定公猪站的问题，从而实现客观的、由数据驱动的管理决策。

3. 淘汰原则和制度标准

(1)淘汰原则　对于人工授精站而言，在到达衰老淘汰前，出现生产情况异常应及时检查发生原因，并采取针对性措施。一些由体况异常、饲料霉菌毒素污染等导致的精液品质下降的情况，一般能够得到纠正。发生肢蹄病的个体也应该给予积极处理。如果存在不可逆的繁殖障碍或经过 8 周以上的处理仍不能恢复正常生产的，应予以淘汰。在此基础上，还应结合经营计划开展计划性淘汰。

(2)淘汰制度　更新率目标：对于人工授精站而言，应该保持足够的成年公猪以保障精液生产。对于大部分规模稳定、管理良好的人工授精站，公猪的年更新率可控制在 25%～50%。

(3)淘汰标准

①衰老淘汰：种用年限较长(3 年以上)，精液品质显著降低，则应进行淘汰。

②计划淘汰：根据数量调整、品种更新、品系选留、净化疫病等计划淘汰。

③体况异常：由于饲养管理不当，可能造成公猪体况过肥或过瘦。如果体况过肥造成配种困难或不能正常配种，此时应对公猪进行限制饲养和加强运动，降低膘情。若不能取得预期效果，应对公猪进行淘汰。如果公猪体况过瘦，体质较差，爬跨困难或不能完成整个配种过程，导致配种操作不利和配种效果较差，此时应对公猪加强营养、减少配种频率或针对性治疗疾病，使其恢复配种理想体况。通过以上操作仍难以恢复的个体，则应进行淘汰。

④精液品质差：已入群的后备公猪或正在使用的种公猪在连续几次检查精液品质后，死精率、畸形率过高，则需要针对性地调整营养、加强管理或治疗。如果连续 2 个月精液品质合格率低于 20%，则应该淘汰该公猪。

⑤性欲缺乏：对于性腺退化、性欲迟钝、厌配或拒配的公猪，在加强饲养管理后不能恢复的个体，应该进行淘汰。

⑥繁殖疾病：某些疾病，如睾丸炎、附睾炎、肾炎、膀胱炎、布鲁氏菌病、乙型脑炎等引起的公猪性机能衰退或丧失，以及由于其他疾病造成的公猪体质较差，繁殖机能下降或丧失。不能治愈的繁殖疾病和患有繁殖传染病的公猪，应立即进行淘汰。

⑦肢蹄病：公猪受运动、配种或其他原因(如裂蹄、关节炎等)的影响，可能造成肢蹄的损伤，尤其是后肢损伤后没有得到及时治疗，造成公猪不能爬跨或爬跨时不能支持本身重量，站立不定，从而失去配种能力，这种公猪应及时进行治疗，在不能治愈或确认无治疗价值时应予以淘汰。

⑧恶癖：个别公猪由于调教和训练不当，可能会在使用过程中形成恶癖，如自淫、攻击操作人员等。这种公猪在使用正确手段不能改正其恶癖时，应及早淘汰，以免造成危害。

⑨依据综合指数计算的淘汰标准：Fix 等于 2008 年研发了一套数学算法用来决策公猪是否应该被淘汰，以及最佳淘汰时间。该数学工具考虑了人工授精站自定义的生产成本（包括栏舍、饲料、种猪购买、隔离驯化和人工等），以及预期收益（生产精液的经济效益以及和潜在替代青年公猪相比的遗传价值）。从公猪入站开始，根据以上两个因子，该工具可以计算得到一个综合指数，从而客观地评价该公猪最佳的淘汰时间。此外，利用不同阶段的实时精液生产价值为参数（一般以 5 周间隔为一个计算点），可以客观地评估公猪是否应该被淘汰。另外，该模型也可用来计算理想的更新率。

思考题

1. 简述影响公猪种用价值的关键因素。
2. 影响公猪精液品质的关键因素有哪些？
3. 试述保障公猪肢蹄健康的营养管理措施。
4. 简述猪人工授精站公猪的淘汰原则。
5. 公猪隔离驯化期的管理要点有哪些？

第7章

公猪站规划与设计

【本章提要】公猪站建设是推广生猪人工授精技术，提高养猪业良种化水平的重要环节，是生猪良种繁育体系的重要组成部分。近几年来，随着我国畜牧业相关政策的不断扶持和养猪业的快速整合，畜牧业生产方式不断转变，生产逐步向规模化、集约化、标准化方向发展，规模养殖比重不断提升。因此，公猪站的重要性已被行业内普遍认同，大量企业越发重视现代化中大型公猪站的建设和经营。设计良好的公猪站是保障养猪生产体系安全、高效运行的关键，公猪站的规划与设计应达到高效和安全，设计应能够满足种公猪的生产需要和优良遗传特性的保持。目前，公猪站从生物安全和硬件设施条件方面都有了进一步的提升，本章主要从选址、布局、结构设计及设备设施等方面着手建设。

7.1 公猪站场址选择

公猪站选址是公猪站规划与设计的第一步，主要考虑政策规划、疫病防控、生态环保、地势地形、社会环境、生物安全等方面的要求，现场条件能满足工程建设要求；同时还应考虑人员、装备的配置、交通及物流条件、销售和服务最优半径等。总体而言，公猪站的选址应避开禁养区，远离交通要道、养殖场、屠宰场、村镇居民区和公共场所，尽量选择地势高燥、开阔平整、背风向阳、通风良好、水电供应稳定、防疫隔离条件良好、交通便利的位置。

7.1.1 政策规划要求

公猪站选址必须在符合国家环保政策的大前提下，符合当地农牧业生产发展总体规划、土地利用发展规划、城乡建设发展规划，在允许养殖的用地范围内选址。

7.1.2 疫病防控要求

拟建场的环境及附近的兽医防疫条件的好坏是影响公猪站运营成败的关键因素之一，特别要注意，不能在旧场上建场或者扩建，如果忽视这个问题，将会给公猪站防疫工作带来很大困难，甚至导致失败。对于附近历史疫情也要做周密的调查研究，特别注意附近的兽医站、畜牧场、集贸市场、屠宰场、化工厂、村庄等与拟建场的距离、方位、有无自然屏障等，以对本场防疫工作有利为原则。良好的生物防疫环境能有效降低公猪站的疫病风险系数，选择具有天然生物防疫屏障的地带建设，是公猪站选址需考虑的最基本的条件。公猪站选址距其他畜牧场、兽医机构、畜禽屠宰厂不小于 2 000 m；距铁路、高速公路、交通干线不小于 1 000 m；距一般道路不小于 500 m。

7.1.3 生态环保要求

充分考虑当地环境的承载能力和场区自身的处理能力，选择有利于猪场粪污废水处理和利用的环境，具备就地无害化处理粪污的足够场地和排污条件，并通过畜禽场建设环境影响评价。公猪站距居民区不小于 3 000 m，并且应位于居民区及公共建筑群常年主导风向的下风向，禁止在水源保护区、风景旅游区及自然保护区建场。

7.1.4 地势地形要求

地势是指场地的高低起伏状况。地形是指场地的形状范围以及地物（山岭、河流、道路、草地、树林、居民点等）的相对平面位置状况。

公猪站场地应选地势较高、干燥平坦，排水良好和向阳背风的地方。地形要求开阔平整，有足够面积，地形狭长或边角多不便于场地规划和建筑物布局。地下水位低于 2 m，土质有较好的透气透水性。

7.1.5 社会环境要求

7.1.5.1 供电与通信

公猪站的环境控制、照明、保温及生活用电都要求有可靠的供电条件，特别是现代化公猪站，采用全封闭式空气过滤系统的猪舍，对用电要求更高，要了解供电电源的位置和离猪场的距离、最大供电允许量、是否经常停电、有无可能双路供电等。如果无双路供电保证，则需备用发电机组，至少需满足生产用电需求。以保证场内生产正常运行供电的稳定可靠。

7.1.5.2　交通

饲料、猪只、精液以及其他生产物资、人员生活物品等均需大量的运输能力。拟建场区交通运输条件是否方便，距离地方交通运输主干线的距离，路况等都需要调查了解。在满足防疫、环保要求的前提下有便利的交通，便于饲料的就近输入及公猪精液和粪便、废弃物的销售与处理。

7.1.5.3　水源

水源水质关系着生产和生活用水与建筑施工用水，要给予足够的重视。首先要了解水源的情况，如地面水（河流、湖泊）的流量、汛期水位、地下水的初见水位和最高水位、含水层的层次和厚度及流向。对水质情况需要了解酸碱度、硬度、透明度、有无污染源和有害化学物质等。不管采用深水井取水还是采用自来水，都应提取水样做水质的物理、化学和生物污染等方面的化验分析。了解水源水质状况是为了便于计算拟建场地地段范围内的水的资源、供水能力，是否满足生产需要用水，且符合《无公害食品　畜禽饮用水水质》（NY 5027—2008）的标准要求，便于取用和进行卫生防护。

7.2　公猪站规划布局

公猪站的规划布局是否合理关系到后期生产运营，本节主要从总体布局、交通组织、供电和给排水系统等 3 个方面进行阐述。总体而言，根据公猪站的生产要求，应做到节约土地、符合规定、满足生产、因地制宜、科学布局。合理划分功能区域，各区须保持一定间距并设防疫隔离带，各入口处设消毒等设施，确保净污分离。

7.2.1　总体布局

国外的猪场布局大多按“公众区域、作业区域和生产区域”三区域分布。结合目前疫病复杂的具体情况，公猪站可细分为：场外消毒区、外生活管理区、内生活区、生产区、污水及无害化处理区 5 个区域分布。必须修建 2.2 m 高度以上的实心围墙将猪舍与外界环境充分隔离，并且要在围墙外设置深 1.5 m 以上的防疫沟，围墙内外两面采用水泥抹光，防止鼠类及小动物进出；各区之间要以有效隔离带或实心墙充分隔离，形成有效的防疫屏障，将场外消毒区、外生活管理区、内生活区、生产区、污水及无害化处理区彻底分开；各区之间有固定的消毒通道进出，各区内部、装猪台、更衣淋浴室等场所可划分净区、灰区、脏区；人和猪只只能从净区到脏区单向流动，不能逆向流动。

场外消毒区位于整个场区的最外围，是第一道防线。外生活管理区和内生活区均需要配备相应的生活保障和娱乐设施，以满足员工的生活和娱乐需求。猪场严禁饲养一切猪之外的动物，严禁猫、犬和其他野生动物进入公猪站，严禁任何外来车辆和外来人员未经允许及按规定流程消毒处理进入公猪站。以不同颜色衣服、鞋帽区分各区工作人员。

现以一个存栏 520 头规模公猪站为例，介绍各区域布局及各环节细节设计。

7.2.1.1 场外消毒区

外来运猪车是传播疫病的重要途径。距离猪场 100～300 m 处的场外区域设立猪场专用车辆洗消、烘干站，对预约进入猪场范围的车辆进行严格消毒与烘干，每次烘干检测合格后才进入猪场围墙外作业。

应分别在距离猪场 500 m 以外和距离猪场 50～100 m 处的场外区域设立猪场专用消毒站，对预约进入猪场范围的车辆进行 2 次严格消毒，每次消毒后停留 15 min。

7.2.1.2 外生活管理区

外生活管理区，即管理区、防疫缓冲区，包括生猪销售站、物资仓库中转消毒站、办公区、食堂和非生产人员生活区等（二维码 7-1）。该区是外来业务人员、猪场管理人员、业务和后勤人员、休假结束返场需要隔离的生产人员工作和生活的区域。

二维码 7-1　外生活管理区平面规划图

1. 门卫室

门卫室主要功能包括：行李寄存间、人员淋浴消毒通道、门卫办公室、门卫宿舍、小型物资消毒间、大型物资熏蒸消毒间（兼物资静置贮存间）（二维码 7-1 中的图 1）。

2. 隔离区

隔离区主要功能包括：休假人员回场隔离宿舍、物资熏蒸通道、精液外送打包间、办公及厨房，是对外人员生活、办公区域（二维码 7-1 中的图 2）。

7.2.1.3 内部员工生活区

内部员工生活区是饲养员、一线技术员、后勤工作人员（包括维修专员、保管专员等）居住生活、活动的区域（二维码 7-2）。

二维码 7-2　内部员工生活区平面规划图

7.2.1.4 生产核心区

公猪站生产核心区主要包括后备隔离公猪舍、生产公猪舍及实验室等（二维码 7-3）。

二维码 7-3　生产核心区平面规划图

1.后备隔离公猪舍

感染猪与易感猪之间的直接接触是传播疾病最快的途径之一。因此对引进猪只进行隔离，可有效避免重大疾病的传播。隔离期间，对引进猪只健康进行观察的同时，还要进行免疫或驯化、驱虫保健。

后备隔离公猪舍封闭管理，专人负责，工具专用，坚持严格的隔离消毒制度和病死猪无害化处理制度。主要包括后备隔离公猪舍辅房、后备公猪生产区以及后备公猪培训区等功能。以存栏 150 头后备公猪为例，其平面图见二维码 7-3 中的图 1。

(1)后备隔离公猪舍辅房　现有大型公猪站都采用空气过滤系统，人员与物资进入猪舍前，首先进入正压缓冲间，人员经过洗浴、更换工衣进入舍内办公区，物资经过熏蒸消毒后转入储物间，辅房内还需设计午休和应急隔离宿舍、卫生间等(二维码 7-3 中的图 2)。

(2)后备公猪生产区　后备公猪生产区大小由引种规模、次数及定位栏和大栏配比来确定。常规设计年引种 1～3 次，引种次数越多，风险越大，如能提供足够多的后备公猪和隔离区位置够大，建议设计大栋小单元的后备隔离公猪舍，一年引种 1 次。

二维码 7-3 中的图 3 为年引种 2 次，每次引种 150 头后备公猪的生产区平面图。

(3)后备公猪培训区　后备公猪培训区通常安排在后备舍内相对比较安静的区域，以减少环境因素对后备公猪注意力的影响。实践中，后备公猪培训区通常安排在后备舍的一侧、靠近山墙的位置。

后备公猪的调教可以选择在大栏中调教，也可选择在小栏中调教，两种模式在实际生产中都很常见，但一般来说，小栏的调教模式效率会高一些。也有观点认为后备公猪调教栏应安排在公猪舍的中间部位，以缩短赶猪距离，在后备公猪群体较大、猪舍较长的情况下，把调教栏安排在后备舍的中间部位也是合理的选择。

如果后备公猪的数量较多，需要配置 2 个或多个调教栏，可按每 40 头后备公猪配置 1 个调教栏的标准配置调教栏。当后备公猪舍需要配置 2 个或多个调教栏时，应尽量把 2 个或多个调教栏安排在后备舍的同一侧，或者安排在后备舍中间区域相邻的位置，以便更好地进行人员调配。

①小栏调教模式：培训栏长 2 800～3 000 mm、宽 650～750 mm，根据后备公猪的品系结合舍内栏位的布局选择合适的长宽尺寸进行布置。培训栏的宽度不宜过宽，以调教公猪不能在培训栏内掉头为宜，进而提高后备公猪的培训效率。在培训栏相邻的位置规划后备公猪学习栏，可以在一定程度上提高培训效率。调教假台猪安装在培训栏内，前端距离栏片 150～200 mm、侧面(台耳)距离栏片(或隔离柱) 5 mm。调教公猪的头部应对着墙(或安静的方向)一侧，以降低环境因素对调教公

猪注意力的影响(二维码 7-3 中的图 4)。

②大栏调教模式:调教大栏在后备舍的位置选择以及调教栏的数量与小栏调教模式所考虑的因素相同。在后备舍的长度不是很长的情况下,把调教大栏安排在后备公猪舍内的一侧,靠近山墙安静的位置;当后备舍的尺寸较长时,也可考虑将调教大栏安排在后备舍的中间部位。调教大栏的尺寸通常与后备公猪舍的饲养大栏一致,这样可使舍内栏位布局更加规整。采用大栏调教模式时,由于采精员与调教公猪共处于大栏内,为工作方便并保护调教人员的安全,应在两侧的边栏处设置隔离柱(隔离柱粗 120 mm,净间距 230～250 mm,高 700～1 100 mm),以防公猪在情绪激动时攻击工作人员(二维码 7-3 中的图 5)。

2. 生产公猪舍

生产公猪舍为整个公猪站的核心区(二维码 7-4)。根据饲养规模、防疫和应急等要求,可设计单栋、2 栋或者多栋公猪舍,100～150 头规模生产公猪站一般设计单栋生产公猪舍;150 头规模以上公猪站设计 2 栋生产公猪舍;600 头规模以上公猪站设计多栋生产公猪舍。

二维码 7-4　生产公猪舍平面规划图

生产公猪舍采用封闭管理,每栋专人负责,工具专用,物资、人员单独进出,猪只单独进出的管理机制。主要包括生产公猪舍辅房、生产公猪生产区、生产公猪采精区、实验室等功能。存栏 520 头生产公猪舍平面图如二维码 7-4 中的图 1 所示。

(1)生产公猪舍辅房　与后备隔离公猪舍辅房功能一样,根据生产人员数量不一样,辅房面积有所增大。生产人员与物资进入猪舍前,首先进入正压缓冲间,人员经过洗浴、更换工衣进入舍内办公区,物资经过熏蒸消毒后转入储物间,辅房内设计有午休和应急隔离宿舍、卫生洗衣间及设备间等(二维码 7-4 中的图 2)。

(2)生产公猪舍设计及布局　隔离检测合格、调教好的公猪转运到生产公猪舍进行饲养和生产。生产公猪舍采用微正压＋负压通风设计,设计高效空气过滤系统、湿帘降温设备,每个单元栏位设计 252 个长 2.40 m×宽 0.75 m×高 1.10 m 的热镀锌实心限位栏,15 个长 2.40 m×宽 1.50 m×高 1.10 m 的热镀锌实心大栏,中间段靠近实验室位置设计 4 个采精位(二维码 7-4 中的图 3)。

(3)采精区的规划　公猪采精环节是猪精生产过程中的第一个环节,也是猪精生产过程中极其重要的一环。采精区的规划与公猪精液采集工作的质量、效率、采精员的劳动强度及安全密切相关。一个好的采精区规划应关注以下 4 方面的要素:①尽可能保护工作人员安全;②降低工作人员的劳动强度;③公猪在饲养栏及采精栏之间的流转更顺畅;④避免公猪在采精前有更多的体能消耗。

采精区的位置:大多数的采精区都规划在公猪舍中,但也有采精区安排在公猪舍外的一个独立空间，这种情况基本上与公猪舍的空间布局、通风环控以及粪污排放等因素有关，即便如此，公猪舍外的独立采精区也应尽可能靠近公猪舍，以降低公猪在采精前的体能消耗。同理，当采精区规划在公猪舍内部时，也应尽量处于公猪舍的中心区域。当然，在公猪舍规模较小的情况下（公猪舍长度较短），将采精区安排在通风好且安静的公猪舍某一侧（靠山墙）也是不错的选择。

采精位的数量：采精位的数量应与公猪精液生产计划相匹配，而猪精的生产计划应与猪精的需求计划（包括需求数量及时间）相匹配，也就是说，公猪精液的日均需求数量和时间决定了采精位的数量，也同时确定了公猪站（舍）的规模和饲养公猪的数量。对于社会化运营的公猪站而言，往往对猪精的需求数量以及每天的发运时间要求比较严格，应根据每小时每个采精位均值 4 头公猪的标准来精确计算采精位的数量，并根据本公猪站工作人员的作息时间调整采精位的数量，留出余量，以便在规定的时间将特定数量的猪精及时发运出去。

采精模式和平面规划：采精模式分为地面采精模式和坑道采精模式 2 种。无论采用何种采精模式，赶猪通道的宽度都不应过宽（以 800～1 000 mm 为宜），避免公猪掉头，提高赶猪效率。

地面采精模式是指采精人员与公猪处于同一平面上，采精人员以蹲（或坐）的姿势手工对公猪进行采精。图 7-1 是较为常见的采精区规划示意图，采精区的尺寸与舍内大栏相同，四周设置隔离柱（隔离柱粗 120 mm，净间隔 280 mm，高 700～1 200 mm），假台猪设置在采精区内，采精员在采精区内对公猪采精。图 7-1 的平面规划比图 7-2 要烦琐些，但公猪进入采精区和离开采精区分别通过不同的门，且采精员与公猪之间有间栏隔开，通过滑动门对公猪进行采精。

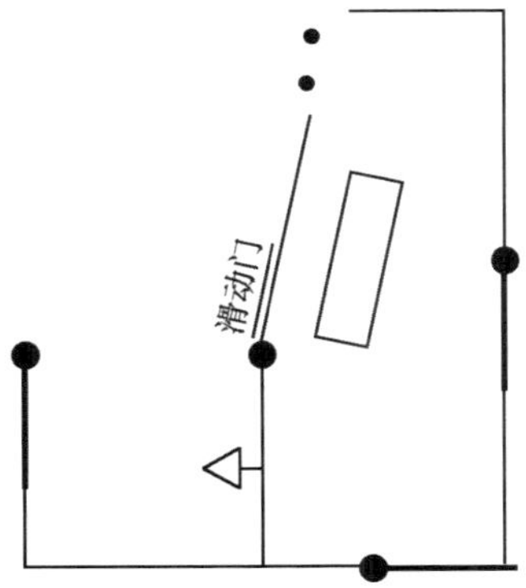

图 7-1　分区采精区示意图

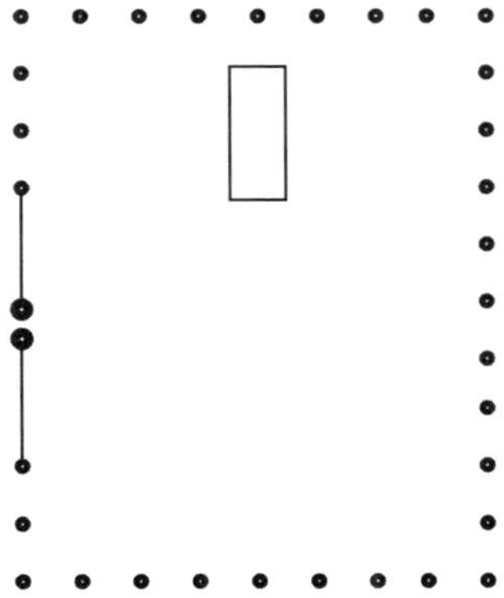

图 7-2　不分区采精区示意图

美国明尼苏达大学的 Darwin L. Reicks 博士曾对 400 头公猪站的采精区进行了如下规划（图 7-3）：这个采精区规划中配有公猪待采栏，又称预热栏，可一定程度上提高公猪的爬跨效率，同时方便公猪采精前的处理工作（如对性欲差的公猪注射激素)。在这个设计中,公猪进入采精区和离开采精区分别走不同的门和不同的通道,赶猪通道清晰明了,且采精员在采精时与公猪处于不同的区域。

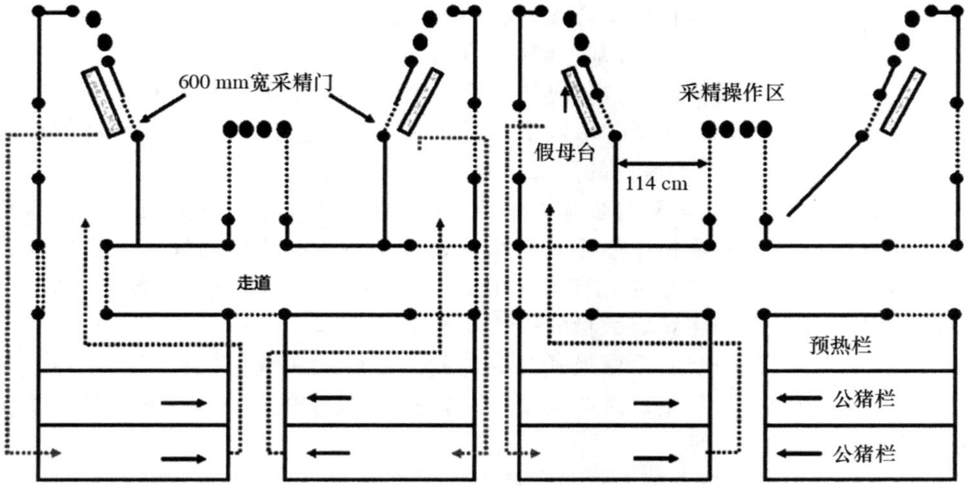

图 7-3 采精区规划方案三

坑道采精模式是近些年伴随自动采精系统的应用与普及,在规模化公猪站广泛采用的公猪采精模式。在坑道采精模式中,采精员站立在坑道中对公猪进行采精,坑道的地面比公猪所处的地面低800 mm。与地面采精模式相比,坑道采精模式给采精员提供更加舒适的身体状态,无须弯腰对公猪进行采精操作。

虽然坑道采精模式是伴随自动采精系统的应用得到推广,但在规模化公猪站中,即便采用手工采精方式也越来越多地采用坑道采精模式。需要注意的是:采用地面采精模式时,采精员操作自动采精系统会非常困难,因此地面采精模式只适合手工采精方式对公猪进行采精。坑道采精模式的缺点是建设成本明显高于地面采精模式,且因为坑道从地面处下沉,实际规划中要考虑下沉的坑道对排污的影响。对于使用刮粪板清粪的公猪舍,采精区可能需要规划在公猪舍的外面。

图 7-4 中的采精区规划,不仅规划了待采栏,同时也规划了待出栏。与地面采精模式不同,为避免采精人员从坑道中频繁地上下,采精与赶猪由不同的工作人员执行,因此在采精栏位较多的规模化公猪站中,待出栏的规划可使赶猪员的工作更加流畅、效率更高。坑道采精模式对赶猪及采精流程的优化,使公猪采精效率与地面采精模式相比得到明显提高,但在规模很小的公猪站中(如几十头公猪),其效率优势并不明显,甚至可能没有提高。

3. 实验室

(1)实验室规划布局　公猪站实验室是公猪精液的生产制作、贮存、分发的场所，担负着公猪精液品质控制的重要责任。

实验室的位置：传统的公猪站规模通常都不大，加上建设成本的考虑，因此很多传统的公猪站通常将实验室规划在公猪舍的一侧(靠山墙)。对于现代的规模化公猪站而言，实验室一般毗邻公猪舍独立建设，其位置应尽可能靠近采精区，最好与采精区一墙之隔，以便采集的原精通过双向传递窗传递到实验室。如果公猪舍分两栋建设、两个采精区(每个公猪舍中各一个采精区)，通常把实验室建在两栋公猪舍的中间，采集的原精分别通过两个双向传递窗传递到实验室。实践中会出现实验室距离采精区较远(几十米甚至几百米)的情况，此时需要在采精区和实验室之间架设气动传输系统，将原精传递到实验室。无论如何，实验室离采精区越近越好的原则永远都是对的，这包括两方面的原因：①无论传输系统的质量有多么好，也不如双向传递窗更加稳定、可靠；②采集的原精应在尽可能短的时间内到达实验室。

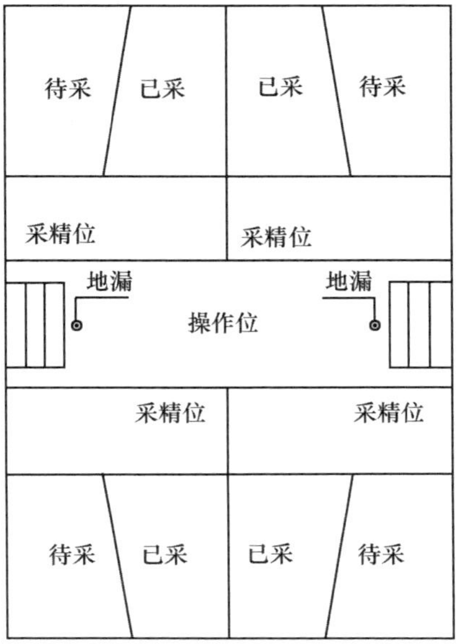

图 7-4　坑道式采精区规划图

(2)实验室的功能区划分　从广义角度讲，实验室是指猪精生产以及服务于猪精生产的各功能区域的集合。直观地说，习惯上把以“猪精生产”为目的的一栋建筑称为“实验室”。从大的分类概念上讲，实验室的功能区包括猪精生产区和猪精生产辅助功能区，其中猪精生产辅助功能区包括实验室工作人员洗浴通道、物料消毒区、工作人员生活休息和(或)办公区、物料贮存区、猪精贮存区/猪精打包区和猪精发放区等。实际规划中，上述辅助猪精生产的一些功能区可能规划到实验室建筑之外(如人员物料消毒通道)，或去除、合并特定功能区(如取消生活休息区，猪精贮存区与猪精打包区合并为一个区域等)。

(3)实验室工作人员洗浴通道　在规模化公猪站建设中，通常将实验室工作人员洗浴通道与公猪舍养殖人员洗浴通道分别设置，各自走独立的洗浴通道。实验室工作人员洗浴通道的设计尺寸与其他洗浴通道没有区别，工作人员在外更衣室脱衣后进入淋浴间，洗浴后进入内更衣室换上工作服装，经过缓冲区进入猪精生产区。

(4)物料消毒区　猪精生产过程中需要的耗材、包材以及维修工具、配件等物料需要进入实验室区域。这些物料在进入实验室前需要进行消杀处理，因此作为猪精生产的辅助功能区，应在实验室建筑的边角位置规划一个独立的消毒间（熏蒸室），消毒间配备蒸锅等消杀设备，面积不宜过大，以 300 头规模化公猪站为例，面积 9 m^2 左右即可。消毒间的外墙侧设置门窗，以保持良好的通风效果。

（5）物料贮存区　物料贮存区一般规划在消毒间与猪精生产区之间的位置，即一侧与消毒间通过缓冲区或过道相连，以保证经过消杀的物料方便地移入物料贮存区；另一侧与猪精生产区相连，以方便猪精生产过程中对物料的取用。物料贮存区的大小应根据需要贮存物料所占用空间的峰值来确定，面积过大会造成不必要的浪费；但太小会导致物料频繁进入实验室，降低工作效率的同时，也给生物安全带来压力。

（6）猪精贮存区/猪精打包区　生产好的猪精应在恒温 17 ℃的环境下保存。实践中，生产好的猪精要么贮存在 17 ℃恒温冰箱中，要么贮存在独立的 17 ℃恒温间。是否建设独立的 17 ℃恒温间取决于猪精在实验室贮存的最大数量，以及猪精发送时包装的大小。以 300 头规模化公猪站为例，如果发运猪精采用大包装（如上百袋猪精放入一个转移箱发运），那么将生产好的猪精放在 17 ℃恒温箱中完全没有问题，甚至可以将 17 ℃恒温箱放在猪精生产区而无须规划独立的猪精储藏间；但是如果发运猪精采用小包装方式（这通常发生在社会化运营的公猪站），那么不仅打包占用的空间较大，打包时间也会更长，这种情况应考虑规划独立 17 ℃恒温的贮存/打包间，贮存/打包间的面积要根据猪精的总量以及预估的包装大小进行测算。

（7）猪精发放区　根据公猪站的规模以及猪精发运包装的模式可选择规划独立的猪精发放间，或不规划独立的猪精发放间。如果猪精包装数量不多，包装好的猪精可经实验室的外墙传递窗传递出去；如果猪精数量大、包装数量多，可以在猪精传递窗内侧规划一个猪精发放缓冲间，这样可提高猪精的发放效率，降低生物安全压力。

（8）工作人员休息及办公区　以 300 头公猪规模化公猪站为例，实验室工作人员通常需要 2～3 人，不需要规划独立的休息/办公间，工作人员直接在猪精生产区办公即可。对于超大规模的公猪站，因工作人员较多，可以考虑在猪精生产区相邻的位置规划独立的休息/办公间，用于会议、办公或休息。

（9）猪精生产区　猪精生产区也就是我们通常从狭义角度讲的“实验室”（二维码 7-5）。在猪精生产区，原精经过分析、稀释、灌装后，生产出成品猪精。猪精生产区在实验室建筑内规划成一个独立的房间，占据实验室建筑比较中心的位置，在其周围规划前文所述的辅助功能区。

二维码 7-5　猪精生产区平面规划图

猪精生产区为长方形或正方形，如能

规划成长方形更好些，周围的辅助功能区会更好规划。以 300 头公猪站为例，在使用现代化猪精生产设备的情况下，猪精生产区的面积以 40～50 m^2 为宜，这是指仅生产鲜精的情况下，如果该猪精生产区同时生产冻精，应再增加 20～30 m^2，且将鲜精及冻精生产区隔成两个工作区。

二维码 7-5 中展示了 300 头公猪站实验室的平面图。猪精生产区内的中心区域设置一个中心操作台(高 800 mm，长度可根据实验室的宽度进行调整，保证操作台的两边到边台的距离不小于 1 500 mm，宽度以不大于 1 200 mm 为宜)。沿猪精生产区的墙壁设置边台(边台高 800 mm，宽 750 mm，长度根据猪精生产区侧墙尺寸进行调整)，边台可在 2～3 侧墙壁布置，留出 1～2 侧墙壁用于安放落地设备，边台的下面布置足够的台下柜，用来存放工具、文档资料及物品。

猪精生产区按猪精生产的程序可划分为“纯水制作及盥洗区、原精接收区、精液分析区、精液稀释区及精液灌装区”等子功能区。对于超大型的公猪站而言，因纯水用量及盥洗工作量均较大，通常将纯水制作及盥洗区规划到一个独立的隔间；对于一般规模的公猪站而言，纯水制作及盥洗区在距离猪精稀释区较近的位置规划即可。

纯水制作区及盥洗区占据边台 2～3 m 的长度，安装有超纯水机、水盆及储水桶。实验室曾经使用的双蒸水机因制水效率低、维护保养难等原因已基本不再使用。

原精接收区在精液传递窗(或气传接收盒)的下方，占据边台约 2 m 的长度。台上应放置电子秤，原精经工作人员直观检查判断、称重后送入精液分析区。

精液分析区与原精接收区相邻，占据边台约 3 m 的长度，台上放置水浴锅、精液检测分析设备，检测合格的精液送入精液稀释区进行稀释。

精液稀释区需要安装稀释液配制设备，以 300 头公猪站为例，正常生产情况下每天需要配制稀释液 100 L 左右。大容量稀释液配制桶一般为落地设备，沿猪精生产区墙壁布置，占地约 2 m 的长度，以相距纯水制作区较近为宜。稀释后的精液移入精液灌装区进行灌装。

7.2.1.5　粪污及无害化处理区

我国第一次污染源普查资料显示，全国主要污染物排放量中，农业源占大部分，其中畜禽养殖污染物排放量占农业源的 95%以上，同时，畜禽养殖业已使我国水环境污染呈现全部蔓延势态。农业污染已成为影响我国水环境，尤其是威胁饮用水源安全的首要因素。近几年来，国家对于养殖场环保治理下达各项文件，严抓排污及环保处理。因此，排污及污染治理是筹备养殖场需要优先考虑并解决的问题。

目前，生猪生产污染的来源主要是粪尿与病死猪。现代化公猪站存栏规模一般为 200～500 头。公猪大致排污情况可参照表 7-1。

表 7-1 生产公猪饲养周期、饲料消耗及粪污排放量

序号	项目	数量
1	饲养周期/d	365
2	周期重量/kg	120～140
3	饲料消耗量/(kg/d)	3.00
4	饮水量/(kg/d)	10.69
5	粪尿排量/(kg/d)	6.41
6	排粪固体含量/(kg/d)	0.58
7	冲洗水/(kg/d)	15.00

1. 粪污处理区

猪舍粪污清理工艺分水冲粪工艺、水泡粪工艺、干清粪工艺，各种粪污清理工艺不一样，粪污处理量和处理水质不一样。

现代化公猪站一般采用水泡粪工艺，该工艺的主要目的就是定时、有效地清除猪舍内的粪便、尿液，减少粪污清理过程中的劳动力投入，减少冲洗用水，提供养殖场自动化管理水平。水泡粪清粪工艺是在水冲粪工艺的基础上改造而来的。工艺流程是在猪舍内的排污沟中预留 10～15 cm 的水，粪尿、冲洗和饲养管理用水一并排放到漏缝地板下的粪沟内，粪沟污水进行计划性排放，贮存 14 d 左右后排放粪沟内一半的污水到污水处理站进行处理。

粪污处理技术主要有：物理法，包括沉淀、脱水、干燥等；化学法，包括混凝、氧化、消毒等；生物法，包括厌氧、好氧、兼氧等；生态法，包括氧化塘、湿地、生态沟渠等；资源利用，包括堆肥、有机肥、饲料化等。

对于公猪站粪污处理常采用生态型粪污综合处理。粪污收集→固液分离→沼液和沼气→处理后的沼液进行灌溉使用→沼气进行利用→干粪→简单生物堆肥发酵后利用。

2. 病死猪无害化处理区

病死猪处理技术有焚烧法、化制法、发酵法和掩埋法，现有猪场因环保原因，大部分采用化制法和发酵法。公猪站病死猪量少，可根据当地环保要求进行无害化处理。

7.2.2 交通组织

物资、场区人员、猪只、饲料等道路规划。

7.2.2.1 物资

(1)生活物资　场外购买需进行检测，合格后由专门封闭运输车运输，运输车

经场外一级洗消、烘干→运至外事区二级洗消(物资进行熏蒸或紫外线等消毒处理)→检测合格后进入食堂储藏间。

(2)生产物资　经上述生活物资流程后,进入各生产基地仓库贮存,进入生产区需再次经过各猪舍综合用房内配置的熏蒸间进行消毒处理,检测合格后才能进入生产区进行使用。

7.2.2.2　人员

(1)外事区人员　场外→门卫室淋浴→外事区。

(2)生产区外出人员　场外→门卫室淋浴→外事区隔离 2 d→淋浴消毒通道→内部员工生活区隔离 1 d→各猪舍淋浴消毒后进生产区工作。

(3)生产人员　员工生活区→淋浴消毒→后备隔离公猪舍/生产公猪舍/实验室→下班后淋浴后回员工生活区。

7.2.2.3　饲料运输

由本场专用场外饲料车从饲料厂托运饲料,经过场外一级车辆洗消中心进行场外饲料车清洗、消毒、烘干检测合格后,进入围墙外道路把饲料经绞龙输送到场内料塔内。

7.2.2.4　猪只运输

(1)外部引种　外部引种公猪只经过检测合格后,由专用封闭运猪车运输,经过场外一级洗消中心清洗、消毒后,进行二次检测,合格后,再将猪只运至后备隔离公猪舍进行隔离、驯化饲养。

(2)淘汰公猪　场内专用中转车在生产基地围墙外装猪台进行装猪,将猪只运至场外猪只中转站内部卸猪台卸猪;外部专业运猪车经过场外一级洗消中心洗消、烘干,检测合格后,进入猪只中转区外部装猪台装猪。

7.2.3　供电和给排水系统

7.2.3.1　供电系统

1.设计概述

公猪站的用电,包含动力电,如供料、环控通风、实验室设备、抽水机等,也有照明用电,如办公及舍内照明灯,还有智能控制、信息传输用电,如环控报警、网络、监控等弱电系统,强电配置专用的配电间,到各附属单体和猪舍有配电箱;弱电系统在办公区域设控制信息中心。

现有公猪站为全封闭式猪舍,考虑停电应急,需设计发电机房,配置 2 台发电机组,1 备 1 用,功率至少满足生产需求(所有猪舍及实验室用电等)。

配套附属设施及猪舍参照国家《民用建筑电气设计规范》进行设计施工。但猪舍室内需全部采用不锈钢或镀锌通透式桥架明铺布线，防止因电线发热或短路引发火灾。

2. 设计依据

①由建设方提供的各项文件。

②由设计院建筑及相关专业提供的资料。

③国家及地方现行的规范：《低压配电设计规范》(GB 50045—2011)、《供配电系统设计规范》(GB 50052—2009)、《建筑照明设计标准》(GB 50034—2013)、《建筑物防雷设计规范》(GB 50057—2010)、《建筑设计防火规范》(GB 50016—2014)(2018 年版)。

3. 设计范围

专业的设计范围为猪舍、猪舍附属用房的电气设计。包括：变配电系统、照明系统、建筑物防雷、接地及安全设计。

4. 变电系统

①工程从当地临近 10 kV 线路搭火引入一条 10 kV 专线。

②高压配电系统：高压系统采用单母线运行。

③低压配电系统：配电电压为 220 V/380 V，采用 TN-C-S 系统配电，工作零线(N)与接地保护线(PE)自变配电所低压开关柜开始分开，不再相连，配电方式为树干式与放射式相结合的方式，对于单台容量较大的负荷或重要负荷采用放射式供电，树干式配电。

④工程设置 1 台 400 kV 安箱式变压器。考虑工艺要求设置 2 台 300 kW 柴油发电机组(1 备 1 用)。

5. 配电系统

工程低压 220 V/380 V 供电，采用放射式和树干式供电相结合。干线采用 YJV-1 电缆，电缆穿 CPVC 管埋地敷设。导线采用 BV-0.45/0.75 型铜芯线，穿阻燃管沿墙、楼板暗敷。消防设备供电采用 NHYJV 电缆供电。开关、插座、配电箱(电缆井内明装)暗装于墙上。供电系统采用 TN-S 系统。

6. 照明系统

照明包括猪舍照明、猪舍辅助用房照明以及亮化照明等。光源均选用节能型光源。

根据《建筑照明设计标准》(GB 50034—2013)规定的照度标准进行照明设计。亮化照明包括：建筑物泛光照明、路灯照明。路灯采用单侧布置，整齐大方。室外亮化照明均采用 220 V/380 V 供电，统一控制。室内照明线路采用 BV-0.45/0.75 型导线穿阻燃管沿墙、楼板暗敷。照明控制措施：公共照明部分采用红外探测控制，人来开灯，延时自动熄灭。其他区域采用集中控制或就地控制。

7. 建筑物防雷

根据《建筑物防雷设计规范》，工程按三类防雷建筑物进行防雷设计。利用建筑物结构钢筋作引下线，间距不大于 25 m。建筑物四角引下线距地 1 m 处设置接地检测板。建筑屋的屋顶设置不大于 20 m×20 m 或 24 m×16 m 接闪网防直击雷。垂直敷设的金属管道和屋顶金属物均与防雷装置连接。

8. 接地及安全

工程防雷接地、电气设备的保护接地共用统一的接地极，要求接地电阻不大于 1 Ω，实测不满足要求时，增设人工接地极。凡正常不带电，而当绝缘破坏有可能呈现电压的一切电气设备金属外壳均应可靠接地。

项目作总等电位联结，进出建筑物的所有金属管道均作总等电位联结，防止室外高电位引入。设有洗浴设施的卫生间作局部等电位联结。

在变电站低压配电柜安装第一级浪涌保护器(SPD)。建筑物总照明配电箱内装二级浪涌保护。

7.2.3.2　给水系统

1. 设计概述

公猪站给水十分重要，在设计和建设过程中，首先要考虑的就是公猪站日常供水及饮水问题。公猪站供水系统包括水的提取、贮存、调节、输送、分配等部分，即水井提取、水塔贮存和输送管道等。

公猪站一般采用深水井供水，水质要求符合《无公害食品　畜禽饮用水水质》(NY 5027—2008)，经深水泵将深井水提取到建设好的蓄水池内。蓄水池有混凝土现浇、不锈钢等不同建设形式和材质，现常采用不锈钢水池，因不锈钢水池具有施工简单、成本低、便于清洗管理等优势。蓄水池容量设计为整场用水量的 2～3 倍，防止水井或抽水泵出现问题，可应急。

供水可分为自流式供水和压力供水，现代化公猪站的供水一般都是恒压供水。水池旁设计恒压供水间，配置恒压设备，保证主供水管压力为 0.4 kPa。

公猪站的排水同样很重要，污水处理区会选在地势低洼处，室外污水管采用重力式虹吸排水排往污水处理区；当地形条件不允许时设置集粪池，泵送至污水处理区。

2. 设计依据

①《室外给水设计规范》(GB 50013—2018)；②《室外排水设计规范》(GB 50014—2021)；③《建筑给水排水设计规范》(GB 50015—2019)；④《民用建筑节水设计标准》(GB 50555—2010)；⑤《建筑设计防火规范》(GB 50016—2014)(2018 年版)；⑥《消防给水及消火栓系统技术规范》(GB 50974—2014)；⑦《建筑灭火器配置设计规范》(GB 50140—2005)；⑧由建设方提供的各项文件；⑨由设计院建筑及

相关专业提供的资料。

3. 设计范围

给排水专业设计范围为室内外生活、生产给排水工程与消防设计。

4. 给水系统

①井水由深井泵抽升送蓄水池，加压后经过场区给水管网供各生产车间及生活设施用水。生活管网与消防管网合用一套供水系统。场区供水采用放射型供水，分别供给每个单体，每个单体设置水表井。

②猪舍内每个单元设置加药系统。

③猪舍内猪只饮水与冲洗用水分开供水，在加药器前段引出一根管道供冲洗用水。

④室外给水管采用 PE 管，电热熔连接，室内生活给水管采用 PP-R 给水管。

5. 消防系统

①室外消火栓系统与生活给水合用一套供水系统，沿道路不超过 150 m 的保护半径布置消火栓。

②室内布置灭火器。

6. 污水系统

①场区污水主要来源于养殖基地栏内冲洗水、残留粪便、兽药疫苗残留物、猪舍消毒液、残留猪饲料、猪毛、猪尿液等的混合物及少量职工生活污水。猪舍内设置尿泡粪池，生产污水集中于尿泡粪池内，约 15 d 排放一次。生活污水与生产污水采用两套管网分别排放至污水处理区，采用重力式虹吸排水排往污水处理区。

②生活污水先经过化粪池处理再排至污水处理区。

③室内污水管采用硬聚氯乙烯（UPVC），室外污水管采用高密度聚乙烯（HDPE）。

7. 雨水系统

猪舍屋面排水采用无组织排水，场区雨水采用有组织排水，通过明沟与暗沟就近排出。场外员工办公、生活用房屋面雨水经雨水斗收集后通过雨水立管排至室外散水暗沟，然后排至室外雨水沟，最后就近排出场外。屋面雨水设计重现期为 5 年，屋面雨水排水工程与溢流设施总排水能力不小于 10 年重现期雨水量。

7.3 建筑结构设计

公猪站主要建筑包括配套附属建筑、后备及生产公猪舍、实验室，本节就上述主要建筑的结构设计常用方案做简单介绍。

7.3.1 配套附属建筑

7.3.1.1 车辆洗消烘干中心

车辆洗消房、车辆烘干房为猪场防疫的重要关卡，主要平面功能是为进场的饲料车、运猪车等提供洗消、烘干等消毒作用，配套相应的设备房、检测室及司乘人员休息室等。运猪车车长 9 m、13.5 m、16 m 等，常用车辆洗消房、车辆烘干房建筑长度为 16 m、20 m 等，建筑高度不低于 5.4 m。烘干房应根据设备烘干工艺确定具体的建筑平面。车辆洗消房、车辆烘干房结构形式主要采用轻型钢结构、门式钢结构、框架结构等。典型平面图及剖面图如二维码 7-6 所示。

二维码 7-6　车辆洗消房和车辆烘干房规划图

7.3.1.2 物资消毒中心

物资消毒中心是为整个猪场大型物资进出提供消毒的场所。大型物资为猪场内的生产、生活物品，包含药品、食品、果蔬等。一般物品经臭氧熏蒸消毒进场，药品及果蔬等须经药液浸泡消毒后进场。物资消毒中心一般与猪场内的仓库一起布置在中转料塔附近，场内外运输车辆均能到达。典型物资消毒平面图如二维码 7-7 所示。

二维码 7-7　物资消毒中心平面规划图

7.3.1.3 门卫室

门卫室平面功能除门卫值班、住宿外，应有物资消毒、人员消毒功能。外场人员一般带有笔记本电脑、手表等小型物资，需要紫外线消毒后才能进场，可设置小型物资消毒传递窗。

门卫室是体现公司形象的一个主要地方，与猪场的大门、公司标志一并考虑。屋面形式一般表现为四坡屋面，建筑高度 3.0～3.6 m。

7.3.2 后备及生产公猪舍

7.3.2.1 后备隔离公猪舍、生产公猪舍建筑防疫构造

①猪舍建筑防疫是生物安全最后一道关卡，在猪舍建设过程中应有意识地进行相关构造建设。

②建筑平面应在进入猪舍前设置人员洗消通道、物资洗消通道，如与实验室功能一起考虑，应与实验室的洗消通道分开、单独进出。

③散水应考虑防鼠。常规做法为建筑物四周贴墙撒生石灰后，均匀铺设150～300 mm厚碎石。

④对外进风洞口、檐口等开洞部位应考虑满铺不锈钢丝防鸟网。

⑤屋面彩钢瓦波峰与檩条搭接部位的孔洞处采取有效措施(如堵头)以防止飞鸟进入吊顶空间内。

⑥风机采用带自闭装置的百叶拢风筒。

⑦对外的湿帘，考虑带防蚊网。

⑧考虑空气过滤的猪舍，可在空气进入过滤前设置大洞口，满挂钢丝网防鸟防杂物。

7.3.2.2 建筑保温、密封构造

现代猪舍是一个密闭的盒子，建筑密封与否，影响风机的效率，进而影响猪舍的氨气浓度、舍内温度等。所以，在猪舍建设过程中，密封是一个不可缺少的环节，应从以下几个方面考虑。

①猪舍门为保温密闭门。在门框的四周，包括地面，设置密闭不易老化的橡胶条。

②窗户采用双层中空玻璃固定窗或平开窗，不采用推拉窗。密闭效果固定窗＞平开窗＞推拉窗。窗户面积不宜过大，一般每个不大于1.5 m^2。考虑保温效果，数量不宜过多。

③门窗、风机、湿帘周边应有可靠的封堵措施。一般采用注胶密封，配合粉刷或收边件成型。

7.3.3 实验室

实验室为猪舍单独管理的一个洁净区域，实验室物资及人员进出与猪舍分开独立。进入实验室的人员、物资均须经消毒才能进入实验区域。实验区域包含实验室、工作人员休息室、精液传递间、物资贮存间及冷却/打包室等基本功能。实验室一般紧挨采精平台布置，方便猪舍内工作人员采完精后传递精液至实验台。

考虑实验室为洁净区域，实验区域应有通风换气系统，可根据猪舍的通风模式(正压或负压)一并考虑，亦可设置单独的通风系统。

实验室典型平面详见二维码7-5中的公猪站实验室规划平面图。

7.4 公猪站仪器设备

公猪站仪器设备根据养殖规模来确定，主要包括栏位、环控、料线、照明、供暖、供水、采精、实验室、视频监控设备等方面。

7.4.1 栏位设备配置

定位栏、大栏、调教栏、采精栏型号规格、材质等要求见表 7-2。

表 7-2 公猪站/后备公猪站栏位设备配置表

栏位设备	配置描述
公猪限位栏 2 400 mm×750 mm× 1 200 mm /后备限位栏 2 200 mm×650 mm× 1 200 mm	1. 公猪限位栏规格 2 400 mm×750 mm×1 200 mm,后备公猪限位栏规格 2 200 mm×650 mm×1 200 mm。限位栏结构外框 1 寸管,管壁厚 2.5 mm,内衬管采用 6 分管,管壁厚 2.3 mm,栏体整体热浸锌,镀锌层平均厚度不小于 80 μm 2. 前后门外框采用 1 寸管,栅条采用 6 分管,后门倒 U 形口设计方便人员清粪,后进前出,前后门均为碰锁开启 3. 背部限位装置为 3 根 ϕ 20 mm 缩颈挡杆,采用双 U 形标准件、防脱螺母和栏片固定连接 4. 限位栏前后均采用 50 mm×6 mm 的固定带,用 304 不锈钢地锚固定于水泥漏缝地板上 5. 独立下料折弯管,ϕ 75 mm,安装于侧栏,底部做侧切处理,出料口位于料槽中心位置 6. 栏体所用固定标准件一律采用 304 不锈钢材质
公猪限位栏通槽	1. 料槽 M 形设计,304 不锈钢材质,壁厚 1.5 mm,固定于水泥漏缝地板 2. 料槽水平安装,8～10 个公猪一个隔断,无排水口
公猪大栏 2 775 mm×1 800 mm× 1 200 mm 2 400 mm×1 800 mm× 1 200 mm /后备公猪大栏 2 525 mm×2 000 mm× 1 200 mm	1. 立柱采用 40 mm×40 mm 方管,厚度不小于 2.5 mm,栏片采用 40 mm×30 mm 矩形,管厚度 2.5 mm,内衬 6 分黑管热浸锌,6 分管壁厚2.5 mm,栏片地脚每个不大于 1.5 m,立柱每根不大于 3 m,竖管间距中到中 180 mm,整体热浸锌,厚度不小于 80 μm 2. 栏门框采用 40 mm×40 mm 方管,厚度不小于 2.5 mm,栏门框高度2 000 mm。栏门宽 1 132 mm,单向开启。栏片采用 40 mm×30 mm 矩形,管厚度 2.5 mm,内衬 6 分黑管热浸锌,6 分管壁厚 2.5 mm,竖管间距中到中 180 mm,整体热浸锌,厚度不小于 80 μm 3. 所有栏体均采用 304 不锈钢标准件固定连接
公猪料槽	1. 料槽为 304 不锈钢材质,壁厚不低于 2 mm 2. 料槽高 390 mm,最大宽度 304 mm,最窄宽度 140 mm,深度不小于 212 mm 3. 料槽上边沿和斜边用 ϕ 6 mm 不锈钢圆钢加固,增加结构稳定性 4. 料槽与栏体有牢固连接,并固定在前栏片上 5 料槽可以拆卸清洗

续表 7-2

栏位设备	配置描述
公猪采精大栏 3 000 mm×4 250 mm×1 200 mm /后备采精大栏 3 000 mm×4 250 mm×1 200 mm	1. 立柱采用 40 mm×40 mm 方管，厚度不小于 2.5 mm，栏片采用 40 mm×30 mm 矩形，管厚度 2.5 mm，内衬 6 分黑管热浸锌，6 分管壁厚2.5 mm，栏片地脚每个不大于 1 m，立柱每根不大于 2.5 m，竖管间距中到中 160 mm，整体热浸锌，厚度不小于 80 μm 2. 圆管立柱采用 ϕ 95 圆管，壁厚 3 mm，地脚采用 400 mm×200 mm 壁厚 8 mm 板，整体热浸锌，厚度不小于 80 μm 3. 栏门框采用 40 mm×40 mm 方管，厚度不小于 2.5 mm，栏门框高度2 300 mm。栏门宽 840 mm，单向开启。栏片采用 40 mm×30 mm 矩形，管厚度 2.5 mm，内衬 6 分黑管热浸锌，6 分管壁厚 2.5 mm，竖管间距中到中 160 mm，整体热浸锌，厚度不小于 80 μm 4. 吊门采用 35 mm PVC 中空板，高 1 100 mm，宽 740 mm，外板壁厚不低于 2 mm，直内筋设计，厚度不低于 1.2 mm，不小于 9 kg/m²。PVC 板采用 304 不锈钢 U 形槽连接。通过万向滑轮和不锈钢钢丝绳手动拉动 5. 所有栏体均采用 304 不锈钢标准件固定连接
饮水器及附属配置	1. 限位栏饮水器采用饮水浮阀＋304 不锈钢水管（ϕ 20 mm，壁厚 2 mm），安装于料槽隔断侧，通过标准件固定于侧栏片上，安装高度高于限位栏 200 mm 2. 公猪大栏/后备公猪大栏均采用乳头饮水器＋1 100 mm 304 不锈钢水管（ϕ 20 mm，壁厚 2 mm），饮水器安装高度不低于 800 mm 3. 舍内主供水管道与饮水器采用高压透明气管连接，接头采用气动快插接头 4. 每栋舍均配置独立加药系统，采用法国多寿加药器，加药桶带自动搅拌电机和相应控制系统，加药桶便于翻转清洗，加药系统集中放置，不得安装于公猪舍/后备公猪舍走廊

7.4.2 环控设备配置

夏季、春秋季、冬季环控配置、空气过滤系统以及空调系统配置见表 7-3。

表 7-3 环控设备配置表

系统名称	零部件名称	配置描述
风机系统	玻璃钢风机 （含拢风筒） 玻璃钢风机	1. 通风量（－25 Pa）：24″风机为 9 200 m²/h，36″风机为 17 700 m²/h，51″风机为 44 300 m²/h 2. 电机品牌及功率：法国利莱森玛/台湾高崎/宁波微分，0.37 kW/0.75 kW/1.1 kW 3. 扇叶材质、数量：铸铝，3 叶片 4. 风机壳材质、厚度：玻璃钢模压壳体，厚度 4 mm

续表 7-3

系统名称	零部件名称	配置描述
风机系统	玻璃钢风机 (含拢风筒) 玻璃钢风机	5. 轴承品牌：24″风机为直驱，无轴承，36″风机及 51″风机为 ABTECHP205/TRP205 6. 工作噪声：24″风机＜50 dB，36″风机＜60 dB，51″风机＜60 dB 7. 36″风机及 51″风机配风机护栏，风机护栏支架采用 2 mm 304 不锈钢板折弯，固定于墙体，4 分镀锌管采用不锈钢 U 形螺栓固定于风机护栏支架上 8. 提供风洞实验报告
进风窗系统	屋顶双面进风窗	1. 通风量(－12.5 Pa)：1 900 m^2/h 2. 弧形板为 PVC 材质，外框为实心发泡 PVC 材质，两端蝶形板为强化 ABS 材质，确保不变形 3. 进封窗内框面边配有 EVA 保温层，弧形板与蝶形板结合处配备防漏风毛毡条 4. 拉绳转向设计有尼龙导向轮，轮架为 304 不锈钢材质
	18 寸进风窗 推杆电机	1. 18 寸，220 V，行程 450 mm，汉泰科 2. 运行速度：150 mm/min 3. 是否有限位保护：有 4. 具备断电自动开启功能
	手摇绞盘	1. 拉力：1 200 LBS 2. 减速比：4.1∶1 3. 表面静电喷塑工艺 4. 配有专用固定支架，整体热镀锌
卷帘系统	卷帘布	1. 卷帘布材质：PE、白色 2. 卷帘布厚度：0.4 mm 3. 卷帘布是否防紫外线：是 4. 卷帘布重量：200 g/m^2
	卷帘驱动电机	扭矩：100 N/m，行程：38 圈，功率：100 W，运行速度：2.8 r/min，有限位保护
	不锈钢拉绳	ϕ5 最大承受拉力：12 kN，ϕ4 最大承受拉力：4 kN 国产
	ϕ5 尼龙绳	最大承受拉力：350 N 国产
	7060 湿帘	1. 纸浆密度：7060 型，纸张 110 g/m^2，密度 143 张/m 2. 干重：25 kg/m^3 3. 湿重：52 kg/m^3 4. 波纹高：7 mm 5. 进风角度：15° 6. 降温效率：≥70%

续表 7-3

系统名称	零部件名称	配置描述
卷帘系统	湿帘用防鼠网	1.304 不锈钢材质，丝径 0.8 mm，丝孔 1 cm×1 cm 2. 双面安装，交会处加固处理
	自吸泵 220～380 V 0.37～1.1 kW （新界泵业）	0.37 kW 参数 扬程：15 m 流量：1 m^3/h 防护等级：IPX5 绝缘等级：130 0.55 kW 参数 扬程：20 m 流量：1.5 m^3/h 防护等级：IPX5 绝缘等级：130 0.75 kW 参数 扬程：25 m 流量：2 m^3/h 防护等级：IPX5 绝缘等级：130 1.1 kW 参数 扬程：30 m 流量：2.5 m^3/h 防护等级：IPX5 绝缘等级：130
	过滤器 100～150 目（120 目）	1. 网孔大小：0.125 mm，120 目 2. 滤网材质：304 不锈钢 3. 流量：6 m^3/h
	水泵支撑架	整体热镀锌
	湿帘左右外框架	铝合金，厚 1.5 mm
	湿帘上下外框架	铝合金，厚 1.5 mm
	湿帘进回水循环系统	主要部件材质：PVC 32 mm×2.4 mm，华亚品牌
	潜水泵 220～380 V 0.37～1.1 kW （新界泵业）	0.37 kW 参数 扬程：17 m 流量：1.5 m^3/h 防护等级：IPX8 绝缘等级：F 0.55 kW 参数

续表 7-3

系统名称	零部件名称	配置描述
卷帘系统	潜水泵 220～380 V 0.37～1.1 kW (新界泵业)	扬程:18 m 流量:3 m^3/h 防护等级:IPX8 绝缘等级:F 0.75 kW 参数 扬程:16 m 流量:10 m^3/h 防护等级:IPX8 绝缘等级:F 1.1 kW 参数 扬程:16 m 流量:14 m^3/h 防护等级:IPX8 绝缘等级:F
	过滤器 100～150 目(120 目)	1. 网孔大小:0.125 mm,120 目 2. 滤网材质:不锈钢
	水泵支撑架	Z275 镀锌钢板
	湿帘底部水槽支撑架	Z275 镀锌钢板
	湿帘用 玻璃钢水桶	玻璃钢,壁厚 8 mm,可以半埋地下,有内部固定防变形设计
空气过滤系统	24″空气预过滤器	24″×24″×2″机械式复合纤维带支撑网,MERV8 级,初效过滤器,Beagro 滤芯(美国)
燃气加热系统	燃气加热器	1. 250 000 BTU,悬挂式,采用 LPG 为燃料 2. 最大输入功率:73.3 kW 3. 长×宽×高=78 cm×46 cm×72 cm 4. 暖风输出量:1 885 m^3/h 5. 进口美国 L. B. White
	燃气加热器管道及安装附件	国标
电控系统	环境控制器	自动温度曲线,多级通风控制
	环控器配套温度传感器(蒙特进口)	1. 精度:±0.1 度 2. 模式(数字/模拟):数字 3. 以色列进口

续表 7-3

系统名称	零部件名称	配置描述
电控系统	环控器配套湿度传感器（蒙特进口）	1. 精度：±5% 2. 模式（数字/模拟）：数字 3. 以色列进口
	控制电柜 正泰（国产）	1. 能实现风机、水泵等设备手动、自动控制切换 2. 具有断相检测、电机过载、漏电保护功能 3. 具有故障报警功能 4. 主要电器元件必须采用施耐德或西门子等一线品牌 5. 外壳采用喷塑材质，壁厚不小于 1.2 mm
	0.75～1.5 kW 变频器（台达）	集成在环境控制器内部
	应急断电报警器	报警形式：声光，ABS 外壳
	远程报警系统（蒙特进口）	1. 插入式蜂窝式调制解调器 2. 报警信息使用格式发送给多人接收，包括声音、文本和传呼，语音卡能够发送即时报警信息 3. 插入式电力线调制解调器 4. 8 位数字输入法 5. 配备备用电池 6. 温控器可以与猪场办公室进行无线或有线交流
	机械式温控器	1. 自动温控电脑的备用控制器 2. 分别控制应急风机、湿帘以及加热系统
	防雷套件	隔离电压：≥2.5 kV；E8.2 响应时间：≤100 ns，以色列进口
辅件系统	电缆	国标
	PVC 线管	国标
	PVC 线槽	国标
	镀锌线槽	国标
	发泡胶	国标
	电工胶布	国标

7.4.3 料线设备配置

自动料线不仅可以减少猪场生产过程中 50%以上的劳动时间，也可大大降低劳动强度。料塔、料线、下料器等型号、材质要求，见表 7-4。

表 7-4 料线设备配置表

系统名称	零部件名称	配置描述
料塔系统	料塔	1. 塔体材质：环保钝化镀锌钢板，覆膜，镀锌量≥275 g/m^2，主塔体和下锥体厚度≥1.2 mm，上椎体和上层塔体钢板厚度≥1.0 mm 2. 防渗水措施：塔体滴水沿边设计工艺。固定螺栓配备防高温防紫外线密封硅胶垫和防渗压片 3. 塔盖开启方式：采用不锈钢拉链或钢丝绳。配备滑轮组设计，便于场外人员直接操纵开关 4. 塔体配备饲料观察孔。上锥体配备防雨下排气孔 5. 3 t 以上料塔须配备塔梯防护装置，梯面带防滑设计 6. 10.5 t(包含)以下 4 支腿设计，10.5 t 以上 6 支腿设计
绞龙送料系统	绞龙	1. 工作能力：最大输送能力 1 800 kg/h 2. 规格描述：螺距 60 mm，外径 60.5 mm，内径 36.5 mm，厚度 4 mm 3. 锰合金钢材质，南非进口
	绞龙送料管	1. 规格描述：外径 75 mm，壁厚 3.6 mm，4 m/根，一端扩口 2. 弯管弧长 1 500 mm，壁厚 4.5 mm 3. PVC 材质，华亚或其他一线品牌，横切面可观察内部管壁密实无细孔
	直驱减速电机	1. 意大利诠世电机 2. 规格描述：0.5～1.5 HP，209～365 r/min 3. 绝缘等级 IP55 4. 出力轴 28，速比 8:1
	绞龙轴	45＃圆钢，内配置哈轴
	绞龙接料斗	304 不锈钢材质，壁厚 2.0 mm
塞盘送料系统	塞盘驱动器	1. 304 不锈钢外壳，壁厚不小于 2 mm 2. 输料能力不小于 1.2 t/h 3. 进、出料管内径 60 mm 4. 意大利诠世电机，直驱，功率 1.5 kW 5. 绝缘等级 IP55 6. 驱动方式为驱动轮带动链条受力 7. 如安装在室外则配有玻璃钢材质防雨罩
	塞盘送料钢管	1. 规格 60 mm×1.5 mm×6 000 mm 2. 热镀锌板材成型工艺，镀锌量 275 g/m^3，焊缝做钝化处理

续表 7-4

系统名称	零部件名称	配置描述
塞盘送料系统	塞盘链条	1. 链式，塞盘壁厚 5.5 mm，直径 43 mm，强化 Pa66 材质 2. 链盘中对中间距 92 mm 3. 链条最大拉力不小于 18 kN 4. 每小时输料不低于 1.2 t
	转角轮	1. 外壳采用 304 不锈钢材质，壁厚不小于 1.5 mm 2. 转轮为 QT450 铸造 3. 哈轴 6202 轴承 4. 具有自动清洁功能，室外雨水天气下工作
	绞龙转塞盘接料斗	1. D60 型，长×宽×高为 202 mm×202 mm×270 mm 2. 304 不锈钢材质，壁厚不小于 2.0 mm
	电容式接近传感器	1. 德国进口易福门 2. 220 V，50 Hz，灵敏度可调，感应距离 8～10 mm
	送料管连接套	管径 63 mm，厚度 1.2 mm，304 不锈钢材质
	料管支撑	1. 料线支撑采用整体热镀锌材质，规格 40 mm×40 mm×2 000 mm，多孔结构便于固定在栏体上 2. 吊链为 304 不锈钢材质，含 S 形挂钩，安装固定于 304 不锈钢材质的料线挂件（厚度 2 mm）上，料线挂件安装在吊顶板龙骨上
	塞盘下料控制器	1. 配备破拱装置，防止结块，内含震动锤 2. 可调节下料量大小 3. 设有透明观察口 4. 304 不锈钢材质，壁厚不低于 2.0 mm
	配量器	1. 长×宽×高 240 mm×200 mm×500 mm，壁厚 2.3 mm，透明 PE 材质 2. 容积不小于 8 L，可通过旋转旋钮调节尺条上下游动，精确度可达 0.5 kg 3. 配量器上端配有防尼龙绳磨损滑轮，球式直下式下料 4. 外壳表面配有夹档案卡的卡子，便于饲养员进行实时记录
	伸缩喇叭下料管	1. 上开口直径 108 mm，下开口直径 76 mm，壁厚 2.2 mm 2. 外管配有可调节高低的管套及锁住功能，伸缩可调节高度 500 mm
	下料管	1. 外径 75 mm，壁厚 2 mm，整体热浸锌 2. 双折弯设计

续表 7-4

系统名称	零部件名称	配置描述
塞盘送料系统	电动推杆电机	工作电压 200～240V，18 寸，行程 450 mm，牵引线速度5 mm/s
	手摇绞盘	表面静电喷塑工艺，减速比 1:4.1，配有专用固定支架
	下料开启系统组件	1. 含钢丝绳、滑轮、管固定件、靠墙固定件、配量器固定卡、钢丝绳锁等 2. 钢丝绳为 304 不锈钢材质，19 mm×7 mm×ϕ4 mm，不旋转 3. 万向轮为铸铁材质 4. 万向轮支架整体热镀锌
	配重	拉簧规格：ϕ 27.5 mm×375 mm，丝径 4 mm，螺距 4 mm，65 Mn，冷镀锌；拉簧固定件采用热镀锌
电控系统	料线控制器	1. 同步控制绞龙料线系统、赛盘料线系统且接收探头信号实现各系统按指令协同工作 2. 主塞盘控制器在与附属控制器联合使用下，可以最多控制器 8 套塞链系统。有显示工作故障状态和复位功能，还具有功能参数编辑功能 3. 控制器适合于众多塞盘料线系统的设置：定时或者连续供料循环；使用卷帘机或电动阀门打开饲料下落；使用独立或者公用的绞龙系统；运用一套或者多套塞盘供料系统 4. 动力箱体为喷塑材质 5. 配电箱内配有浪涌、过流、过压、欠压、相序、过热保护装置
	电动推杆控制器	1. 与料线控制器进行集成，并与绞龙和塞链协同工作，按指令控制电动绞车驱动配量筒下料 2. 电动绞车通过 304 不锈钢固定板固定于吊顶龙骨上 3. 行程为 0～450 mm，最大承载拉力为 1 kN
	电缆	国标，国内一线品牌产品

7.4.4　照明供暖设备配置

光照要求、冬季应急供暖、变压器、发电机组等设备见表 7-5。

表 7-5 照明供暖设备配置表

项目	配置描述
材料要求	电气工程电线电缆使用一线品牌，主线路使用 YJV，支线路用 RVV 线缆，灯具插座使用国内知名品牌 IP44 防水等级插座，断路器开关等电气元件全部用一线品牌或同等级知名品牌元件，控制箱要求有绝缘板，PVC 开口向上，热镀锌支架、螺丝 304 不锈钢，PVC 穿线管使用一线品牌阻燃管。保温灯插座使用欧标 IP67 快速接口或 IP44 级知名品牌插座，桥架使用华亚品牌 PVC 线槽。支架使用热镀锌材质，厚度 2.7 mm，使用 304 螺栓
照明灯具	照明灯具根据照度需求选用高效节能防水防爆灯或一体式三防 LED 照明灯，采用阻燃材料，吸顶安装，均采用开关分组控制。要求带自动定时开关功能
技术要求	1.场区内所有电盘及各控制开关都要注明标示并在盘内张贴该箱(柜)线路图 2.配电箱内导线整齐，无绞接现象，导线连接紧密，不伤线芯，不断股，同一端子上导线连接不多于两根，回路编号齐全，标示正确 3.照明箱内，分别设置零线(N)和保护接地(PE)汇流排，零线和保护接地经汇流排配出 4.配电箱要做到防水、防鼠、防尘、安装牢固，箱盖不能有翘边现象发生。在落地配电箱内的管口、箱底无封板的，管口应高出基础面 5～8 cm，所有管口在穿入电缆后做密封处理 5.所有穿线管口应封堵严密 6.电缆型号、规格应符合设计规定；排列整齐，无机械损伤；标志牌应设置齐全、正确、清晰 7.电缆线路所有应接地的接点应与接地极接触良好，接地电阻值应符合设计要求 8.地埋电缆在地平面下与管道上平面 80 cm 敷设，地坪下 20 cm 铺砂、盖砖(每米 8 块砖)，防护过路穿热镀锌钢管保护，地埋管道地面上拐角处及直线距离不大于 30 m 做醒目标识桩使用 PVC 材料，地上不小于 0.5 m，地下埋置不小于 0.5 m 9.如在室外地坪以上穿墙电缆要做不锈钢护罩或不锈钢软管保护并密封处理 10.水泥线杆之间距离不大于 35 m，架空电缆采用交联聚氯乙烯绝缘钢芯铝绞线，拉线需在离地 2.5 m 处设拉线绝缘子，拉线棒直径应不小 20 mm，并做热镀锌处理，露出地面部分不少于 0.5 m，拉线采用大于 25 mm 的镀锌钢绞线，拉线上应套红白相间的警示管，拉线盘埋置深度不小于 1.5 m 11.室内、外配电箱均要求密封，配电箱用喷塑制作(厚度 0.8 mm)，室外电盘用喷塑带基座密封制作(厚度 1.2 mm)，进出线一律下进下出，做好防鼠 12.工艺严格按照国家制定的电气安装规范施工及验收：《电气装置安装工程低压电器设备施工及验收规范》《电气装置安装工程 1 kV 及以下配线施工及验收规范》《电气装置安装工程电缆线路施工及验收规范》《电气装置安装工程母线装置施工及验收规范》《电气装置安装工程接地装置施工及验收规范》《电气装置安装工程电气设备交接试验标准》

7.4.5 供水设备配置

恒压供水、加药、高压冲洗等供水设备见表 7-6。

表 7-6 供水设备配置表

项目	配置描述
材料要求	1. 所有管材采用华亚或同等级品牌 PPR 管材(S5)及管件,0.6 MPa,包括猪舍给水、生活给水 2. 地埋管道采用华亚或同等级品牌 PE 给水用聚乙烯管材,1.0 MPa 3. 所有阀门采用国内知名品牌的双活接球阀
支架及配件	水线支撑采用不锈钢 304 材质,厚度 1.5 mm 吊顶安装;或采用不锈钢 304 材质,厚度 1.5 mm 支撑与料管安装;U 形螺栓螺母均采用不锈钢 304 材质
螺栓	304 不锈钢
技术要求	1. 室外外露管道做 50 mm 厚聚氨酯保温,外做玻璃钢保护层,三布三胶(土建只负责主进水管) 2. 水线安装采用支撑吊顶安装或采用支撑与料管安装,支撑均采用不锈钢 304 材质,厚度 1.5 mm;室内管道吊装要牢固平整,PPR 管件之间要留有今后维修及更换的空间 3. 猪舍内法兰、阀门等重要螺栓连接处螺栓均采用不锈钢螺栓,阀门规格小于或等于 DN50,采用华亚牌 PPR 闸阀,阀门规格大于 DN50,采用双活接球阀 4. 地埋管道在地平面下与管道上平面 80 cm 敷设,过路穿热镀锌钢管保护,管径比管道大两个型号。地埋管道地面上拐角处及直线距离不大于 30 m 做醒目塑料标识桩,地上不小于 0.5 m,地下埋置不小于 0.5 m 5. 水表水平安装 6. 丝扣连接处(猪饮水器,浮阀等)要用生料带或液体生料带 7. 大井用深井泵 2 套,扬程 160～180 m,流量 32～35 m^3/h,使用带有降压启动的控制柜并安装水位控制器(业主自备) 8. 水池配潜水泵 3 套,其中 2 套并联在一起共用一个控制柜,扬程 45～60 m,流量 8～12 m^3 使用变频器控制,另 1 套作为备用(业主自备) 9. 所有主材必装前要提交制造厂提供的产品说明书、试验记录、合格证书 10. 所有需用螺栓连接的阀门及法兰均使用不锈钢螺栓

7.4.6 采精设备配置

采精设备包括假台猪、自动采精、精液传输等设备,见表 7-7。

表 7-7　采精设备配置表

项目	可选设备	配置说明
采精设备	手工采精假母台	用途：后备公猪调教与公猪手工采精 要求：假母台表面圆滑，不得有毛刺或尖角以免对公猪造成损伤；安装后结实牢固、易清洗、耐腐蚀，不锈钢材质更佳，承重不小于500 kg；假母台脊背应防滑、耐撕咬，采用橡胶表面或脊背面浸塑工艺较好；假母台脊背应向后倾斜，高度角度均可调整 尺寸：假母台脊背长 75～100 cm；宽 28～35 cm；头部高度 60～75 cm(可调)，尾部高度 35～75 cm(可调)
	自动采精系统	用途：公猪自动采精 特点：在假母台脊背板的下方安装不锈钢滑轨，滑轨的一侧连接采精杯支架，采用一个夹子用来将已导入假阴道的公猪阴茎夹紧，从而使采精员不必持续用手握紧公猪阴茎、刺激龟头完成对公猪精液的采集。采用自动采精系统可有效提高工作效率，显著提高原精的卫生状况 要求：假阴道内壁应柔软、平滑或有皱褶状凸起，尽可能接近母猪阴道的自然特征；夹紧公猪阴茎的夹紧力应大小适中，不易过大或过小；假阴道的设计应满足将公猪阴茎导入假阴道的过程简洁、快速且容易操作
	仿生自动采精系统	用途：公猪自动采精 特点：与自动采精系统相似，但假阴道的内壁设计模仿母猪阴道的螺旋褶皱特征，且在公猪阴茎导入假阴道后，不是用夹子提供持续的夹紧力，而是采用气动脉冲使假阴道的内壁持续收缩与舒张，模仿母猪阴道对公猪阴茎产生持续按摩作用，提高刺激公猪的兴奋程度，进而完成对公猪精液的自动采集。采用仿生自动采精系统可在更大程度上刺激公猪兴奋，完成精液采集；有效提高工作效率，显著提高原精的卫生状况 要求：假阴道内壁应柔软、平滑或有皱褶状凸起，尽可能接近母猪阴道的自然特征；气动脉冲的压力应大小适中且可调节，不易过大或过小；假阴道的设计应满足将公猪阴茎导入假阴道的过程简洁、快速且容易操作；控制柜应防水、防腐、工作稳定可靠
预热设备	电热恒温箱	用途：对采精用的耗材/用具(如采精杯、手套、假阴道等)在采精前预热到 37 ℃ 要求：根据日采精公猪的数量选择适当容量的电热恒温箱(通常为40～140 L)；具有定时、超温报警等功能 参数：电热恒温箱温度调整范围为 RT+(2～65) ℃，温度分辨率为0.1 ℃，均匀度为±0.5 ℃

续表 7-7

项目	可选设备	配置说明
精液传输	精液传递窗	用途:将采集的原精从采精区传递到实验室。适用于采精区与实验室之间的距离比较近、且仅一墙之隔的情况 要求:传递窗的两侧门应具备互锁功能(电子或机械);具有传递窗内部环境加热控制功能,或在传递窗内放置小尺寸水浴锅;内置UV灯,在每日工作结束后对传递窗内部消毒;不锈钢材质更佳 尺寸:通常为外径宽 80 cm,高 60 cm,深度 30～40 cm
	气动传输系统	用途:将采集的原精从采精区传递到实验室,适用无法通过传递窗将原精传递到实验室的情况 要求:采用气动传输系统将原精传递至实验室时,应尽量缩短采精区至实验室的传输距离,降低环境因素对原精质量的影响;气动系统传输的最大距离 1 000 m,但规划时距离越短越好;安装在采精区的控制器应采用防水设计,控制器内部应通风散热良好,避免电路板腐蚀短路造成设备故障 参数:传输管道直径 11 cm 或 16 cm,传输速度 7～8 m/s

7.4.7　实验室设备配置

实验室配置自动精液稀释、自动分装打包等设备,见表 7-8。

表 7-8　实验室设备配置表

项目	可选设备	配置说明
称重	电子秤	用途:用于原精称重、或其他需要称重的情况 要求:带 RS232 串口;交直流两用;高分辨率,反应速度快、稳定;全量程去皮功能 参数:最大量程不大于 5 kg;精度 0.1 g
保温及消毒	水浴锅	用途:用于猪精或稀释液的恒温暂存或温度调整 要求:根据日处理原精的数量选择合适大小的水浴锅;水浴锅应具有过热保护、超温报警、漏电保护、定时开关等功能 参数:控温范围为 RT+(5～99) ℃;恒温波动度为±0.5 ℃
	恒温培养箱	用途:对实验室精液处理用具及耗材在使用前恒温预热 要求:根据日处理原精数量选择适当容量的电热恒温箱(通常为80～240 L);具有定时、超温报警等功能 参数:温度调整范围为 RT+(2～65) ℃,温度分辨率为 0.1 ℃,均匀度为±0.5 ℃
	消毒柜	用途:对实验室精液处理用具进行用后高温消毒 要求:根据日处理原精数量选择适当容量的电热恒温箱(通常为80～240 L);具有定时、超温报警等功能 参数:温度调整范围为 RT+(5～250) ℃,温度分辨率为 0.1 ℃,均匀度为±0.5 ℃

续表 7-8

项目	可选设备	配置说明
纯水制作	超纯水机	用途：实验室用具盥洗用纯水以及精液处理用超纯水的制作 要求：根据日处理原精数量选择适当制水量（速度）的超纯水机；超纯水应不低于实验室二级用水的标准；具有水质监测功能 参数：纯水电导率≤源水电导率×3%；超纯水电导率≤0.055 μS/cm)，微颗粒物（0.2 μm）<1 个/mL，微生物<1 CFU/mL，总有机碳（TOC）<30 μg/L
精液分析	精子分析仪	用途：对公猪精液质量进行分析 要求：高质量相差显微镜及公猪精液分析软件；自动分析计算精子密度、活力、形态，标注正常精子、异常精子，计算畸形率；自动计算需添加稀释液剂量；自动计算生产精液份数；可生成定制格式的精液检测报告
精液稀释	稀释液配制桶	用途：通过自动搅拌、加温以及恒温控制完成稀释液的配制 要求：根据日生产猪精数量的最大值选择适当容量的稀释液配制桶；可选择带稀释液自动分配功能的稀释桶，选择不带自动分配功能的稀释桶需要人工分配稀释液；稀释桶应工作稳定、易于操作、易于清洁保养、控温准确
精液灌装	全自动精液袋灌装机	用途：对稀释好的公猪精液进行灌装，生产出成品猪精 要求：可选择精液袋灌装机或牙膏管灌装机；全自动精液袋灌装机应集自动灌装、自动封口、自动贴标、自动切割于一体；灌装机应工作稳定、易于操作、易于清洁保养 参数：灌装 1 000 袋/h

7.4.8 视频监控设备配置

视频监控及人工智能（AI）分析系统利用视频感知设备，捕捉记录生产现场情况，通过云平台计算分析，增强对现场的感知，增强非洲猪瘟形态下的现场生产管理，提高生物安全防控，提高环节监控，防止经济效益流失。全场无死角安装监控摄像头，确保场内资产安全，监督场内人员工作行为，以及突发事件及时响应（表 7-9，图 7-5）。

表 7-9 视频监控设备配置表

项目	可选设备	配置说明
监控部分	摄像头	用途：24 h 监控栏舍猪只的生长情况、突发事件应急处理、视频录制存储，便于后期分析使用 要求：每间栏舍不少于 4 路，每个方向安装一路 参数：采用超星光超低照度 200 万像素 1/1.8 英寸 CMOS 图像传感器，低照度效果好，图像清晰度高 最大可输出 200 万（1 920×1 080）@25 fps支持 H.265 编码，压缩比高，实现超低码流传输内置白光补光灯，最大白光补光距离 30 m 支持走廊模式

续表 7-9

项目	可选设备	配置说明
监控部分	录像机	用途:监控画面存储 要求:配置数量根据摄像头的数量而定,录像机要求内置机械硬盘,单个硬盘大小不低于 2T 参数:支持 ONVIF、GB/T 28181 标准协议的设备接入;支持 GB/T 28181,DB 33 等标准协议的平台接入;支持 B/S、C/S 客户端,以及 iPhone、iPad、Android 等移动端应用;支持二次开发,提供平台 SDK 开发包、ebservice,REST 接口;处理器 Intel Xeon E3
监控部分	交换机	用途:用于监控摄像头的网络通信,并接入互联网,远程查看监控画面 要求:按照摄像头的路数配置,采用 POE 交换机,设备最大支持数量不超过硬件接口的数量 参数:8 口千兆 PoE 交换机,1 口千兆上联,8 口支持 PoE/PoE+,整机最大 PoE 功率 120 W
可视化	电脑	用途:监控平台访问及数字化信息化平台管理 要求:机房配置 1 套,信息化展示中心配置 1 套 参数:8 核英特尔 I9 处理器,16 G 内存,硬盘存储 2T,17 寸液晶显示器
可视化	数字解码器	用途:猪场监控画面界面,与拼接屏连接,高清无卡顿,画面随意切换放大或缩小 要求:在信息展示中心配置 1 台与拼接屏相连 参数:支持 H. 265 Main Profile Level5. 1、H. 264 Baseline/Main/High ProfileLevel5. 0、MPEG4 SP L0-L3/ASP L0-L5、MJPEG/JPEG Baseline 解码;最大单口支持 2 个 HDMI 输出的 36 分割;单卡可同时支持 2 个 36 分割解码,单卡可 72 个通道 IPC 解码上墙
可视化	拼接屏	用途:信息化展示、监控画面展示 要求:4×3 布局,高清显示 参数:55 寸液晶屏,拼缝 1. 75 cm

在栋舍进门处安装人脸识别门禁设备,通过黑白名单进行管理,未授权人员无权进入该栋舍,设备不能识别人脸时电子锁关闭。人脸识别门禁有利于防止病毒交叉感染,一旦某个人或者某个栋舍发现病毒,能及时防止病毒在场内扩散,而且也因为前期安装的设备防患于未然,其他栋舍将不受影响。人脸识别门禁也可作为考勤工具,通过记录人员进出的时间作为考勤的依据,同时也记录所有人员进出的时间。

人脸识别门禁在每栋舍安装 1 套,并配置电磁锁,远程设置黑白名单账户,人脸抓拍实现远程管理(图 7-6)。

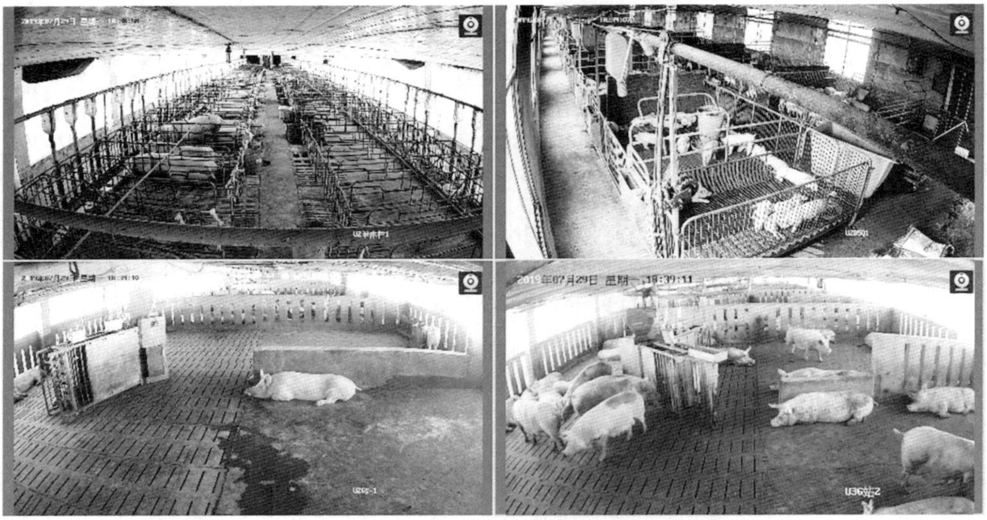

图 7-5　猪场监控画面

图 7-6　栏舍人脸识别门禁系统

思考题

1. 新建一个公猪站需要考虑哪些因素？
2. 从疫病防控角度出发，规划新建公猪站时要考虑哪些方面？
3. 从总体布局来说，公猪站应包括哪些功能区？
4. 公猪站应配备哪些仪器设备？

第8章

公猪站疫病防控体系建设

【本章提要】非洲猪瘟疫情对我国养猪业造成巨大冲击，同时，也极大地转变了养殖观念，提升了生物安全意识。越来越多的养猪企业从生产模式规划、疫病防控结构设计、疫病防控技术体系、疫病防控组织及管理、疫病防控持续改善等方面进行结构化疫病防控体系建设，以此来降低养殖过程中的生物安全风险，提高养殖效率，增强企业的竞争力。本章从疫病防控原则、生产模式规划、疫病防控结构设计、疫病防控技术体系、疫病防控组织及管理、疫病防控持续改善等方面进行详细介绍，可为猪场加强生物安全建设提供参考。

8.1 疫病防控原则

做好猪群疫病防控，需了解疫病传播的3个环节：传染源、传播途径、易感猪只。按照《中华人民共和国动物防疫法》等畜牧兽医法律法规要求，结合猪群生产规律，贯彻“管理为主、预防为辅、防重于治”的方针，坚持“控制传染源、切断传播途径、保护易感猪群”三大原则，强化猪群健康管理。

8.1.1 构建疫病防控体系的意义

8.1.1.1 动物疫病概念

根据《中华人民共和国动物防疫法》对动物疫病界定，动物疫病特指动物传染病与寄生虫病。根据对养殖生产与人体健康危害程度不同，分为一类疫病、二类疫病、三类疫病。一类疫病危害最严重，需采取最紧急、严厉强制措施加以预防、控制与扑灭；二类疫病可造成重大经济损失，需严格控制、扑灭，防止疫情扩散；三类疫病较为常见与多发，可对经济造成重大损害，需控制与净化。

8.1.1.2 动物疫病防控体系构成

动物疫病防控体系是确保我国动物食品安全与公共卫生安全的重要措施，是政府与企业、科研院所及相关部门按照动物疫病发生、发展、消亡的科学规律相互协作，运用综合手段从动物引种、饲养、管理、销售、运输、屠宰、加工、储藏等环节进行严格的疫情监测、疫情诊断、疫苗免疫、疫病检疫、疫情扑灭等技术支持体系的一项系统管理工作。

8.1.1.3 构建动物疫病防控体系的意义

建立健全动物疫病防控体系，是保障我国社会公共卫生安全与动物食品安全的迫切需要，是促进我国畜牧业结构转型升级、健康发展的需要，是促进农业农村经济繁荣发展、提高农民收入的需要，也是促进我国动物与动物产品进出口贸易的需要。

8.1.2 控制传染源

8.1.2.1 传染源概念及分类

猪病传染源是指感染了某种具有传染性与致病性病原体（微生物、寄生虫）的猪只，感染后的猪只可表现为患病，也可表现为隐性感染。猪传染病的传播方式有水平传播、垂直传播等；水平传播一般指通过消化道、呼吸道、接触传播；垂直传播一般指通过生殖道传播（精液、脐带）。

8.1.2.2 控制传染源的措施

当猪群出现传染病时，第一时间要向猪场管理者及兽医报告，按传染病防控要求隔离猪只，并采取相应措施进行处理；二要及时封锁患病猪所在栏舍、栋、场等，清理、清洗、消毒被患病猪污染的物料，如饲料、粪便、用具、栏舍等；三要对其他猪群进行健康检查，如场内健康猪群、疑似猪群、引进猪群。

8.1.3 切断传播途径

8.1.3.1 传播途径概念及分类

动物疫病传播途径指传染源排出病原体侵入其他易感动物的途径，可分为垂直传播与水平传播，水平传播又可分为直接接触传播和间接接触传播。垂直传播指病原体从亲本传给子代的传播方式。水平传播指病原体在某一动物群体不同个体间的水平传播或由某一动物群体传染给另一动物群体的传播方式。猪病较为常见的传播途径有生物传播、机械或媒介传播、气溶胶传播等。

8.1.3.2 切断传播途径的措施

近年来，猪传染性疾病传播途径日益复杂。可通过直接接触传播，如呼吸道、损伤皮肤黏膜、眼结膜等;可通过间接接触传播,如健康猪只接触了被患病猪只污染的环境、水源、饲料、用具、空气、排泄物、分泌物等;生物媒介也是一种重要的传播途径。有效切断传播途径,需了解传染病固有特性,科学制定控制方案。做好患病动物隔离与栏舍清洗、消毒,通过消毒将病原微生物控制在有限范围内。患病猪只死亡时,及时清理、消毒、无害化处理,严禁随意丢弃。患病猪应由专人看管、治疗,用具、治疗仪器等应专用,不能混用。

8.1.4 保护易感猪只

8.1.4.1 易感猪只概念

比较容易受到某种或某类病原微生物侵袭的猪只称易感猪只。易感猪只受日龄、品种、性别影响。有些传染病对特定阶段猪只具有易感性,如仔猪黄痢、白痢、水肿病等。有些传染病易感猪只具有普遍性,无明显日龄、性别、品种差异,如口蹄疫、非洲猪瘟等。

8.1.4.2 保护易感猪只的措施

实际生产中,可通过优化生产环境、加强饲养管理、给予平衡日粮、重视疫苗免疫、强化疫病监测、实时健康保健、关注光照通风、做好防暑御寒、定期清洗消毒等措施保护易感猪群免受病原微生物侵袭。

8.2 生产模式规划

当前,我国养猪业规模化、集约化、专业化程度越来越高,加之非洲猪瘟等重大动物疫情影响,对中大型规模猪场的经营管理提出了更高要求,根据相关研究和生产实践,种公猪和种母猪分开饲养、一胎母猪和经产母猪分胎次饲养、母猪和断奶猪多点式饲养可以降低猪场疫病发生的风险,提高养猪效率。

8.2.1 种公猪和种母猪分开饲养

8.2.1.1 种公猪和种母猪分开饲养概念

种公猪和种母猪分开饲养是指在一定规模的猪场中把种公猪放在独立的高标准公猪站饲养,而不是放在母猪场里一栋公猪舍里饲养,达到专业、安全、高效的生产目的。

8.2.1.2 种公猪和种母猪分开饲养的原因

种公猪和种母猪分开饲养是生物安全风险控制的必要选择。种公猪和种母猪混养病多难防；人多，内部交叉风险大；猪群规模大，车流量、物流量大，生物安全风险较大；很难达到公猪站选址的高标准要求。种公猪和种母猪分开饲养是种猪遗传能力保障的必然选择。种公猪饲养在独立的种公猪站，硬件设施设备条件好，能够保障优良基因的遗传潜力充分挖掘；从外部引进优秀公猪，相对风险更小；站间协同，基因交换成为可能。种公猪和种母猪分开饲养是后非洲猪瘟国家的基本共识。养猪业发达国家基本都是采用社会化供精，动力机制主要是对疾病防控和种猪性能提升的更高需求，社会化供精可以集中资源加快遗传进展，种猪性能提升的效率远高于小群体闭锁繁育带来的遗传进展，同时，独立高标准公猪站可以实现站间互保供精，降低突发事件带来的应急损失。具备条件的猪场自建高标准公猪站是非常有必要的，高标准公猪站需要高要求的选址、高强度生物安全设计和高保障的运营要求。不具备条件的猪场，建议直接购买高品质的商品猪精。

8.2.2 分胎次饲养

8.2.2.1 母猪分胎次饲养概念

母猪分胎次饲养是一种通过改变管理方式和生产工艺，进而将不同胎龄的母猪分开集中饲养的一种生产模式，其核心内容是将免疫状态不稳定的年轻母猪群（第一、二胎）与免疫系统成熟稳定的母猪群分开饲养（二胎以上）。

8.2.2.2 母猪分胎次饲养的意义

（1）有助于提高母猪群体的生产潜能　根据不同胎次母猪的生理特点与抗体水平，对母猪群体的饲料进行个性化调配，满足母猪群体的生理、生产需要，提高母猪群体的生产性能。

（2）有助于提高母猪群体的健康水平　免疫状态不稳定母猪群体，母猪体内的免疫抗体种类少、水平低，抵御疾病的能力较弱，容易患病；免疫系统成熟稳定的母猪群体，已获得的免疫抗体种类多、水平高，抵御疾病的能力较强；通过母猪分胎次饲养管理，可以有效控制疾病在免疫状态不稳定母猪群体中的传播，提高母猪群体的健康水平。

（3）有助于降低生产成本　对母猪进行分胎次饲养，可以有针对性地进行保健，有效降低用药成本（如保健用药、治疗用药等）。对母猪进行分胎次饲养，可以简化有关工作人员的工作程序，提高工人的工作效率，降低人工成本。对母猪进行分胎次饲养，可以针对不同母猪群体设计适合该群体母猪的设备，提高设备利用率，降低生产设备成本。

8.2.2.3 母猪分胎次饲养模式

当前，国内母猪分胎次饲养的模式主要是根据母猪群体规模的大小进行分类，常采用的模式有两种(图 8-1),其中一种模式是一胎母猪与二胎及以上母猪分开饲养,另一种模式是一胎、二胎与三胎及以上母猪分开饲养。我国目前主要采用的是第一种模式。

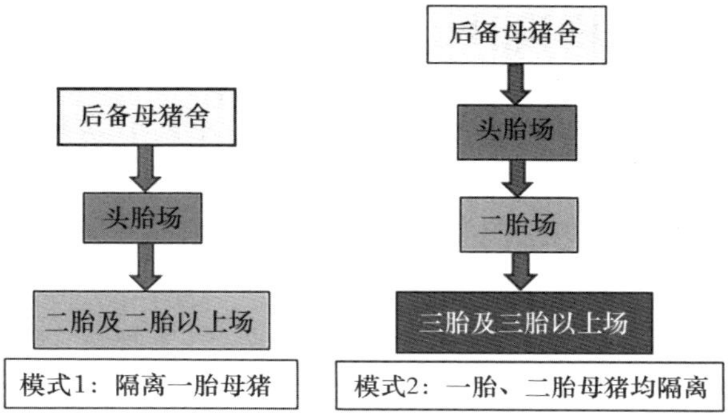

图 8-1　不同分胎饲养模式

8.2.3　多点式生产

8.2.3.1　多点式生产概念

多点式生产是指猪场在组织生产时,依托仔猪早期断奶技术与断奶仔猪隔离技术,根据猪场规模、周边环境、气候条件、疫病种类等因素设立相隔一定距离的功能区,如种猪繁殖区(母猪区)、断奶仔猪培育区(保育区)、育成/育肥区、办公区、生活区、隔离区等,在不同的功能区完成各自的生产流程,是一种高效的猪场生产模式。

8.2.3.2　多点式生产的意义

猪场采取多点式生产,可以降低猪群受潜在病原侵袭的概率,提高猪群的健康水平,提高饲料报酬,达到提产增效、净化疫病的目的。实践证明,猪场采用多点式生产可以有效控制多种疾病在猪群中的传播,如伪狂犬病、猪传染性胃肠炎病、猪细小病、沙门氏菌病、萎缩性鼻炎等。

8.2.3.3　多点式生产常用模式

当前,我国采取多点式生产的规模化猪场采用的模式主要有两点式和三点式。两点式是整个生产流程分为两个点或场,母猪场为同一场,育成场(包括保育猪阶段和育肥猪阶段)为同一场。由于规模大小等不同延伸出一个母猪场对应多个育成场的生产模式,三点式是整个生产流程分为三个点或场,母猪场为同一场,保育猪阶段为一个场,育肥猪阶段为一个场。目前,较大规模猪场多常用两点式生产模式。无论是两点式还是三点式生产模式，每个点内依然执行单元式饲养、全进全出，并且点与点之间需要间隔一定的距离，做到相对独立，大大降低了疾病交叉感染的风险。

8.3 疫病防控结构设计

非洲猪瘟在我国发生以来，猪场经营管理者对生物安全的重要性有了更加深刻的认知，并对生猪养殖场生物安全措施进行了系统升级改造，猪场生物安全整体水平得到极大提升。根据距离生产区距离的远近对猪场生物安全区域进行结构性划分，可以分为威胁区、可控区、生活区、生产区等，不同的区域内配套相应的设施设备，如威胁区内配套设施有洗消中心、物料总仓、中央厨房、人员隔离区、淘汰猪中转站等，建立猪场生物安全圈，降低猪场疫病传播风险。

8.3.1 威胁区防疫设施构建

猪场生物安全威胁区指距离生产区 0.5～3 km 区域，该区域防疫设施主要有洗消中心、物料总仓、中央厨房、人员隔离区、淘汰猪中转站等。

8.3.1.1 洗消中心

洗消中心距猪场生产区直线距离不少于 3 km，配备清洗、消毒、干燥等设备。地面硬化、平整，无积水与淤泥。清洗、消毒区搭建防雨棚，烘干区可密闭。清洗区与烘干区间设置仓库，消毒区分为车辆消毒区与人员消毒区，消毒区设置休息室，入口与出口处设置卫生间。设置净道与污道，车辆与人员按入口、污道、等待区、清洗区、烘干区、消毒区、净道、出口单向流动，各区相对隔离，配醒目标识牌及安全注意事项，各区可安装监控系统。

8.3.1.2 物料总仓

物料总仓指存放外购物资的仓库，距猪场生产区 3 km 以上。根据物资类别、性质、用途等把物料总仓分为不同单元，便于清洗、消毒、干燥、贮存。置物架最好镂空，以便消毒。

8.3.1.3 中央厨房

中央厨房一般距猪场 3 km 左右，负责场内人员餐食供应，食材由专人采购，餐食做好后进行分餐。中央厨房应设置食材进入口、仓库、冷库、厨房、厨师宿舍、更衣室、餐食出口，在食材入口及餐食出口处设置车辆洗消点、人员消毒通道等设施。

8.3.1.4 人员隔离中心

人员隔离中心距猪场 3 km 左右，相对独立，用于场内休假人员、公司非生产人员、外来拜访人员等进场前休息与生活,隔离期不得擅自离开。配套日常生活起居、洗漱用餐、娱乐健身等设施,配备单独卫生间、淋浴间、洗衣机、拖鞋、干净衣物、网络、电视等,专人送餐、收拾餐余。隔离结束后,对房间清洁、消毒、整理,配置下批隔离人员 72 h 所需以上用品。

8.3.1.5 淘汰猪中转站

淘汰猪中转站由场内中转车停靠口、转猪通道及猪只暂存缓冲区、外来车辆停靠口三部分构成,距猪场生产区 1～3 km。停靠口位于转猪通道两端,暂存缓冲区位于转猪通道中间。场内车辆将淘汰猪运到淘汰猪中转站,场外车辆将淘汰猪运走,杜绝场外车辆、人员与场内车辆、人员接触,降低出猪风险。淘汰猪中转站可为实体建筑,或是可移动中转吊桥。

8.3.2 可控区防疫设施构建

猪场生物安全可控区一般距猪场 0.1～0.5 km,该区域主要防疫设施有车辆洗消点、转猪中心、物料中转仓、种猪隔离舍等。

8.3.2.1 车辆洗消点

车辆洗消点距猪场 0.5 km 左右,地面硬化、平整,无积水与淤泥。配套清洗、消毒设备,搭建防雨棚。消毒区分车辆消毒区与人员消毒区,设置休息室。划分净道与污道,车辆与人员按入口、污道、等待区、清洗区、烘干区、消毒区、净道、出口单向流动,靠近入口与出口处设置卫生间。各区相对隔离,有醒目标识牌及该区域安全注意事项,安装监控系统。

8.3.2.2 转猪中心

转猪中心指外售或引种时避免外来车辆、人员与场内车辆、人员接触而设置的生物安全设施,配备清洗、消毒设施设备,配套人员休息区、卫生间等。转猪中心由场内车辆停靠点端口、场外车辆停靠点端口、猪只转运通道、猪只暂存缓冲区、储物间等部分构成。

8.3.2.3 物料中转仓

物料中转仓距猪场 1～3 km,由物料中转站围墙、物料中转站大门、物料中转站入口车辆消毒通道、物料中转站入口人员消毒通道、外部车辆停靠点车辆消毒通道、外部车辆停靠点人员消毒通道、外部车辆停靠点入口、物料中转站物料出口、猪场内转运物料车辆停靠点车辆消毒通道、猪场内转运物料车辆停靠点人员消毒通道、物料中转站内物料转运设备、物料洗消间、物料仓库等构成。所有进入中转仓的物品按照要求进行消毒(图 8-2)。

8.3.2.4 种猪隔离舍

图 8-2 物料中转仓物品浸泡消毒

种猪隔离舍距生产区至少 0.5 km，建在生产区下风向。配备专门饲养及技术人员，设置专用通道、宿舍、厨房、猪群及人员消毒设施设备。种猪隔离舍可分为若干单元，每单元要全进全出。配套后备公猪调教室、精液检测室、后备母猪配种舍、妊娠舍等，防止新进种猪隔离与驯化时间长。按要求对购入种猪隔离，做好疾病检测，隔离期满且检测合格才能进入猪场内生产猪舍。

8.3.3 生活区防疫设施构建

猪场生活区指生产区围墙外、猪场最外围围墙内区域。该区域主要设施有生活区入口消毒通道、员工宿舍、员工食堂、办公区、接待区、物料仓库、物品消毒间、入场人员隔离区等。

8.3.3.1 生活区入口消毒通道

生活区入口设置车辆消毒池、人员消毒通道。消毒池长×宽×深＝8 m×4 m×0.5 m，池底设进水口与排水口，搭建防雨棚，配车辆消毒设备。人员消毒通道由场外更衣室入口处手部消毒设施、场外更衣室、消毒通道、场内更衣室等组成(图8-3)。场外、场内更衣室需配淋浴间、洗浴用品、臭氧消毒或紫外消毒设备、储物柜、鞋柜等。消毒通道为室内通道，长 3～6 m、宽 2 m，连接场外更衣间与场内更衣间，通道内配喷雾消毒设备，通道地面设置深 3～5 cm 的浅槽，浅槽内放置消毒液及湿垫。

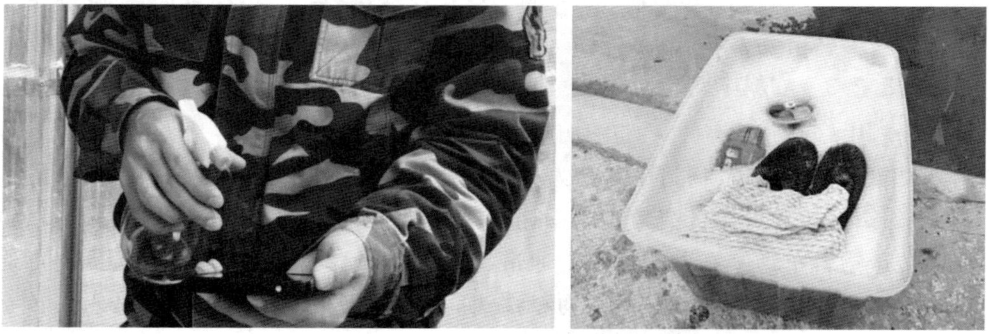

图 8-3 手机喷洒消毒、衣物浸泡消毒

8.3.3.2 员工宿舍

根据工种不同实行住宿分区管理，特别是猪舍内工作人员、精液调配室工作人员、非生产区工作人员要做到相对隔离。猪舍内员工指饲养员、采精员、技术员等。非生产区工作人员指食堂工作人员、办公区接待人员、环卫工、水电工、采购人员等。

8.3.3.3 员工食堂

实行分区进餐制，或回各自宿舍进餐。至少设置两个窗口为猪舍内员工与猪舍外员工分餐，非厨房员工禁止进入厨房。

8.3.3.4 办公区

办公区指场内后勤、财务、会计、场长等人员日常办公区域，位于猪场生活区入口内侧。

8.3.3.5 接待区

接待区指接待拜访人员、公司检查人员、培训师等人员的区域。可与办公区在同一区域，做到相对隔离，无交叉。

8.3.3.6 物料仓库

物料仓库指用来存放员工外购日常生活用品进入生活区前清洗、消毒、放置的区域(图 8-4)。物料仓库内配置镂空置物架、臭氧消毒或紫外消毒设备、喷雾消毒设备等。

图 8-4 猪场物料仓库

8.3.3.7 物品消毒间

物品消毒间用于外购蔬菜、水果以及休假返场人员、拜访人员等所带物品消毒的空间。设置物品进入传递窗口、物品传出传递窗口，实体墙体，空间可密闭，配镂空置物架、臭氧消毒或紫外消毒设备、喷雾消毒器。物品经消毒后通过传递窗传入人员隔离区。

8.3.3.8 入场人员隔离区

入场人员隔离区用于进场人员隔离，配套隔离房间、淋浴间、卫生间、休闲娱乐室等。根据入场人员类别设置不同区域，做到相对隔离，严禁隔离人员串门，场内其他人员严禁到隔离区。

8.3.4 生产区防疫设施构建

主要指猪舍、料塔或料房、出猪台、进猪台、出粪台、化粪池、堆粪发酵间、人员洗澡消毒间、物品消毒间等。

8.3.4.1 猪场围墙

猪场围墙一般为实心墙体（图 8-5），由 2～3 层围墙组成。墙体严密且无排水管口，高 2.5 m 以上，地基需埋入地下至少 50 cm，各类门为实心无缝门，阻止猫、犬、鼠、人进入。围墙内外用直径小于 19 cm 的石子铺设宽 30 cm、厚 15 cm 防鼠隔离带。外围防鼠隔离带外修宽 1 m 以上水泥路，围墙上安装视频监控设备，围墙内外放置捕鼠器具、诱饵。定期清理围墙内外杂草及藤蔓，围墙 3 m 内禁止种高大林木，禁止堆放杂物。猪舍周边铺宽 50 cm、厚 30 cm 防鼠隔离带，封堵猪舍墙面上直径超过 0.6 cm 的缝隙。

图 8-5 猪场实体围墙

8.3.4.2 人员洗消通道

人员洗消通道指生产人员从生活区进入生产区的洗消通道，由生活区衣物存放区、洗澡区、生产区衣物存放区、人员消毒通道等组成。洗澡区配置取暖器、热水器、吹风机等设备。洗澡区与生产区衣物存放区之间设置衣物清洗、消毒区(图8-6)。

图 8-6　衣物清洗烘干间

8.3.4.3　物品消毒间

生活区进入生产区入口处设置物资消毒间(图 8-7),配消毒设备、置物架等,用于新购入生产用具与工具、输精管、药品、疫苗、诊疗器械等物资存放与消毒。

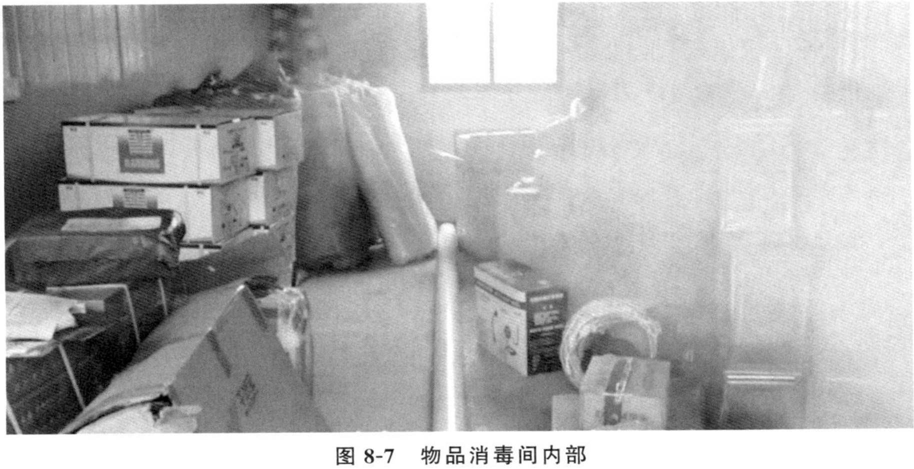

图 8-7　物品消毒间内部

8.3.4.4　料塔、料房

猪场可设置场外总料塔或料房、场内区域性料塔或料房(图 8-8)。靠近生产区前,对场外料车进行清洗、消毒、烘干。禁止场外料车、人员与场内料车、人员、猪只直接接触。由场内自动料线或料车将总料塔或料房饲料转运至区域性料塔或料房。

图 8-8　猪场料塔区

8.3.4.5　出猪台

出猪台是将场内猪只运出的唯一出口，由出猪通道、出猪缓冲区、出猪口、出猪吊桥等组成，配套清洗、消毒区域及设备。路面硬化、有坡度，防止粪水回流。种猪场、大规模猪场可在生产区 3 km 外建中转站，配套清洗、消毒设施设备。

8.3.4.6　进猪台

进猪台是外来猪只进入猪场的唯一入口(图 8-9)，由进猪吊桥、进猪口、进猪通道、进猪缓冲区等组成，需配套清洗、消毒区域及设备，进猪口应位于猪场最外面围墙上。进猪吊桥一端与进猪口连接并固定，另一端与运输车连接并可升降、伸缩。

图 8-9　进猪台

8.3.4.7 出粪台

出粪台位于猪场外围下风向，转出达标后的猪粪。场内应配套专用转粪车，禁止外购猪粪车辆与人员到场内。

8.3.4.8 粪污无害化处理区

粪污无害化处理区(图 8-10)位于猪场生产区常年风向下风向处，应由干湿分离区、固体粪便处理区、液体处理区等组成，如粪便堆肥发酵处理区、沼气池、沉降池等。

8.3.4.9 病死猪无害化处理区

按照《中华人民共和国动物防疫法》和国家有关规定，对病死猪要严格按照“四不一处理”进行处置，即不准宰杀、不准食用、不准出售、不准转运、无害化处理。小规模猪场可在距生产区 0.5 km 以上地方建冷库(图 8-11)，将病死猪放入冷库，定期转运至病死猪无害化处理中心。大规模猪场可在生产区下风向、低洼偏僻处建病死猪无害化处理区，该区地面应做硬化、防渗处理，四周建实体围墙，配焚烧炉、高温生物发酵、化尸池等。

图 8-10 猪场粪污无害化处理区

图 8-11 冷库

8.4 疫病防控技术体系

生猪疫病防控体系是一个系统工程，建立生猪疫病防控技术体系要从人员、猪群、物料、设施、设备等多方面考虑。生物安全设施设备是猪场安全生产的基础，疫病防控技术体系是猪场安全生产的保障。生猪疫病防控技术体系包括很多方面，如消毒体系、免疫体系、诊断体系、给药体系、重大疫病净化体系、动物疫情处置体系、保健驱虫体系等，各个体系间相互联系、相互作用，是生猪疫病防控技术体系不可或缺的重要组成部分，缺一不可。

8.4.1 消毒体系

8.4.1.1 消毒概念及意义

消毒指采取机械、物理、化学、生物等方法清除或杀灭环境中病原微生物及其他有害微生物或将有害微生物数量减少到对动物无害程度。通过消毒可切断病原微生物传播途径,保护易感动物免受侵害,预防、控制疾病的发生与传播。

8.4.1.2 消毒种类及方法

1.消毒种类

根据消毒目的不同,可将消毒划分为预防消毒、即时消毒、终末消毒。

(1)预防消毒　预防消毒即定期消毒,指按照场内消毒程序定期对人员、车辆、饲料、饮水、栏舍、道路、猪群、用具、废弃物、病死猪等消毒。

(2)即时消毒　即时消毒即紧急消毒,指当猪群中少数猪只或猪群疑似发生或发生传染病及突然死亡时,对相应栏舍及场所消毒。

(3)终末消毒　终末消毒即疫后消毒,指处理完发生传染病猪场病死猪后,采取多种消毒方法相结合的方式对全场环境、栏舍、猪群、设施设备等消毒。

2.消毒方法

不同病原微生物及所处环境不同,其适应能力及抵抗力存在差异,需采取不同消毒方法才能达到消毒目的。猪场常用消毒方法有 5 种:机械消毒法、物理消毒法、化学消毒法、生物消毒法、环境生态修复法。

(1)机械消毒法　机械消毒法是通过机械性清除、洗刷、通风等方式清除粪便、灰尘、杂物的一种方法。机械消毒法单独使用无法达到彻底消毒的目的,常与其他消毒法相结合。

(2)物理消毒法　物理消毒法是通过物理因素作用于病原微生物并将其杀灭或清除的方法,作用机理主要为破坏病原微生物的蛋白质。物理消毒法有多种,如光照、焚烧、火焰、干燥、煮沸、高温蒸汽、低温消毒(巴氏消毒)、高压蒸汽、紫外线、臭氧等。

(3)化学消毒法　化学消毒法是通过化学消毒剂作用于病原微生物将其杀灭的一种消毒方法。化学消毒剂可通过使菌体蛋白质变性杀菌,也可通过阻碍微生物新陈代谢某些环节抑菌。化学消毒法受化学药物形态、温度、湿度、浓度、作用时间、微生物种类等因素影响。化学消毒法具有程序简单、操作便捷等优点,但有些消毒剂可能具有毒性、腐蚀性、残留等问题。

(4)生物消毒法　生物消毒法是利用自然界中微生物在氧化分解污物过程中产生大量热量或产生某些杀菌物质来杀灭病原微生物,如植物消毒剂、抗菌肽、噬菌体、生物酶等。生物消毒法具有环保、无残留、成本低、效果确切等优点。目前常用的生物消毒法有两种:一种是通过产热和产酸过程杀灭病原微生物,如粪便堆肥发酵、沉淀池发酵、沼气池发酵等;另一种是通过噬菌体侵染细菌并将其核酸注入细菌体内,快速繁殖,致使细菌裂解,如大肠杆菌、魏氏梭菌、巴氏杆菌、葡萄球菌、沙门氏菌等对应的噬菌体。

(5)环境生态修复法　环境生态修复是通过创造不利于病原微生物生存条件来净化和修复环境。生态修复剂主要由微生物菌体和微量化学元素组成,其掉落地面形成的生物膜在物体表面发酵能消耗有机物和氧气。这类消毒剂在环境中稳定长效,发展前景良好。

8.4.1.3　消毒药物筛选

猪场应根据消毒对象、消毒环境、消毒方法不同筛选消毒药物,初选几种消毒药物进行药敏实验,选择最为敏感的消毒药物。猪场使用消毒药物应遵循以下原则:一是根据病原微生物类别进行选择。病原微生物对消毒药物敏感性、耐受性不同,选择要有针对性。二是根据消毒对象进行选择。消毒对象不同,消毒药效不同,应根据消毒对象理化性质进行选择。三是根据消毒现场进行选择。消毒环境是开放的还是密闭的,是夏天还是冬天,是晴天还是雨天,应根据现场情况进行选择。四是严格按照安全消毒进行选择。有些消毒药物有毒性、刺激性、易燃性、易爆性、致癌性等,选择时应考虑消毒药物安全性,确保人员及猪群安全。

8.4.1.4　消毒设施设备

(1)喷雾消毒设备　猪场常用的有手持式喷雾消毒机和移动式喷雾消毒机两种。喷雾消毒机能快速彻底冲洗物体表面,可冲洗、可喷雾,操作方便,主要用于车辆、栏舍、道路消毒。

(2)臭氧消毒设备　利用臭氧可对猪舍、供水系统、物料、衣物、器皿、不锈钢、搪瓷、陶瓷、塑料、木质物品等消毒。猪场常见臭氧消毒设备有悬挂式臭氧消毒机和移动式臭氧消毒机。

(3)紫外消毒设备　紫外消毒是利用紫外线对物品表面消毒,如猪场衣物间消毒。常用紫外消毒设备有普通直管热阴极低压汞紫外线消毒灯、高强度紫外线消毒灯、低臭氧紫外线消毒灯、高臭氧紫外线消毒灯。

(4)火焰消毒设备　火焰消毒可解决喷雾、浸泡等消毒方式无法解决的问题。火焰消毒是利用液化石油气或煤气燃烧产生高温火焰杀灭环境中和物体表面的病毒、细菌、寄生虫等有害生物。常用于金属设备或建筑物表面消毒,如栏舍、食槽、墙面、车厢等。火焰消毒具有效率高、效果好、易操作、成本低、低能耗、无残留、干燥等优点。

(5)次氯酸发生器　次氯酸是一种强氧化剂,具有广谱杀菌、起效快速等优点,对多种细菌、病毒杀灭效果良好,不产生耐药性。次氯酸发生器可将盐与水电解生成次氯酸溶液，杀菌后即被降解，有无毒、无残留、不腐蚀设备、可活体喷雾消毒等优点，可用于带猪消毒和水线消毒。

(6)红外感应消毒设备　红外感应消毒设备由红外感应设备与雾化消毒设备组成，雾化消毒设备有超声雾化消毒设备、喷雾消毒设备等。红外感应消毒是利用机器感应人体红外线自动启动消毒程序进行消毒，人员离开后即可停止，具有饱和喷雾、消毒均匀、消毒彻底等优点，可用于人员消毒、通道消毒。

(7)车辆消毒设备　车辆消毒设备有普通喷雾消毒机、全自动化消毒机等。规模化猪场常使用全自动化消毒机，集自动上水、加药、感应为一体，具有自动化程度高、操作简单、性能稳定、消毒彻底、时间可控、模式可调、360°无死角等优点。

(8)烘干设备　烘干设备可分为车辆烘干设备、栏舍烘干设备、衣物烘干设备、饲料烘干设备等。烘干设备有辐射式、热风气流式等烘干方式。车辆 65 ℃烘干 40 min，栏舍 60 ℃烘干 2 h 以上，衣物 70 ℃烘干 30 min，饲料 85 ℃烘干 3 min。

8.4.1.5　消毒药剂选择

消毒剂种类很多，猪场常用消毒剂可分为酸、碱、醇、醛、酚、碘、氯、季铵盐等类型。选择哪种类型，需根据病原体种类和被消毒物体性质决定(表 8-1)。

表 8-1　猪场常用消毒剂及消毒浓度与消毒对象

类别	名称	常用浓度	消毒对象	注意事项
碱类	生石灰	直接用或调制成 10%～20% 石灰乳	道路、环境、猪舍墙体、空栏消毒	现配现用，久置失效
	NaOH	1%～5%	大门消毒池、道路、车辆、环境、空栏消毒	强腐蚀性
	CaO	10%～20% 刷拭	空栏消毒	现配现用
酚类	复合酚、菌毒灭、菌毒敌	1∶100	发生疫情时栏舍环境强化消毒	
		1∶300	空栏消毒、载畜消毒、消毒池	
醛类	福尔马林	2%～10%	畜舍内外环境消毒	刺激性强
		15～20 mL/m³ 熏蒸	空栏消毒	
季铵盐类	新洁尔灭	0.1%浸泡	皮肤及创伤消毒	
	拜洁	1∶500 喷雾	舍内外环境、载畜消毒	
	50%百毒杀	1∶(100～300) 喷雾	舍内外环境、载畜消毒	

续表 8-1

类别	名称	常用浓度	消毒对象	注意事项
酸类	灭毒净 过氧乙酸	1∶500 喷雾	舍内外环境、载畜消毒	易挥发，宜现配现用
		1∶200 喷雾	车辆、猪舍消毒池、赶猪道、道路环境	
卤素类	有机氯如消毒威、碘（碘酊）、络合碘（特效碘）	0.5%～1%喷雾	舍内外环境、载畜消毒	
		2%～5%外用	皮肤及创伤消毒	
		50～100 mg/kg	舍内外环境、载畜消毒	
氧化剂	高锰酸钾、过氧乙酸	0.1%浸泡、饮水	皮肤及创伤消毒	
		0.5%喷雾	车辆、舍内外环境消毒	
		5%熏蒸	空栏消毒（2.5 mL/m^3）	
醇类	酒精	70%外用	皮肤及创伤消毒	易挥发

8.4.1.6　消毒操作规范

1. 人员消毒操作规范

（1）场内休假人员返场消毒流程

①场内休假人员返场前场外隔离 36 h。

②场外隔离完成后，由专车送至猪场生活区入口。

③到达猪场生活区入口处时，清理指甲并对手部进行消毒，随身物品放在物品消毒间消毒。

④返场人员在场外沐浴间洗澡，更换猪场隔离区衣物与鞋子，通过入口处人员消毒通道。

⑤对更换下来的衣物、鞋子等进行清洗、消毒、干燥。

⑥做好返场登记，应包括返场时间、人员、是否消毒等。

⑦通过传递窗口取出消毒好的随身物品。进入猪场隔离区隔离 48 h，隔离期禁止离开隔离区，禁止接触生活区其他人，由专人负责一日三餐。

（2）拜访人员进入接待区消毒流程

①拜访人员车辆停放在洗消中心，对车辆进行洗消、烘干。

②场内司机将拜访人员接到猪场生活区入口。

③到达猪场生活区入口处时，清理指甲并对手部进行冲洗消毒，随身物品放在物品消毒间消毒。原则上除手机、电脑外，其他物品不得带入猪场拜访接待区。

④拜访人员在场外沐浴间洗澡，更换猪场拜访接待区衣物与鞋子，通过入口处

人员消毒通道。

⑤将更换下来的衣物、鞋子等放在场外储物间，用紫外线对衣物、鞋子消毒。

⑥做好拜访登记，应包括到访及离开时间、人员、是否消毒等。

⑦通过传递窗口取出消毒好的随身携带物品。进入猪场拜访接待区，禁止到员工宿舍及返场人员隔离区，拜访期间由专人负责一日三餐。

(3)员工进入生产区消毒流程

①生产区外入口　对双手清洗、消毒，修短指甲，对指甲盖下方清洗消毒；对手机、眼镜、钥匙等物品擦拭消毒，通过脚踏池对鞋底消毒。

②生活区衣物更换间　配紫外或其他消毒设备，对生活区衣物、鞋子、帽子等进行消毒。用低矮鞋柜将生活区衣物更换间与淋浴区隔开。换上生活区衣物更换间的拖鞋进入淋浴间。

③淋浴间　每人配备两条毛巾，一条进入生产区前洗澡用，另一条离开生产区后洗澡用。进入生产区前及离开生产区后均要在淋浴间进行冲洗，并洗头。淋浴完后换上生产区衣物更换间拖鞋进入生产区衣物更换间。

④生产区衣物更换间　配紫外或其他消毒设备，对生产区衣物、鞋子、帽子等进行消毒。用低矮鞋柜将淋浴间与生产区衣物更换间隔开。换上生产区衣物、鞋子、帽子等。

⑤消毒通道　通过消毒通道，对鞋子及衣服进行消毒，进入生产区。

(4)员工进入栋舍内消毒流程

①按照既定路线进入各自工作区，未被允许禁止到其他区。

②进入猪舍前对手部、鞋底消毒(图 8-12)，或更换该栋专用工作鞋。

③进入猪舍后沿固定路线巡视猪群、治疗、饲喂、清粪等。

④出猪舍后，对鞋底清洗、消毒。

⑤离开生产区时，将需清洗的工作服、鞋子、帽子等放到清洗、消毒间浸泡消毒、清洗等。

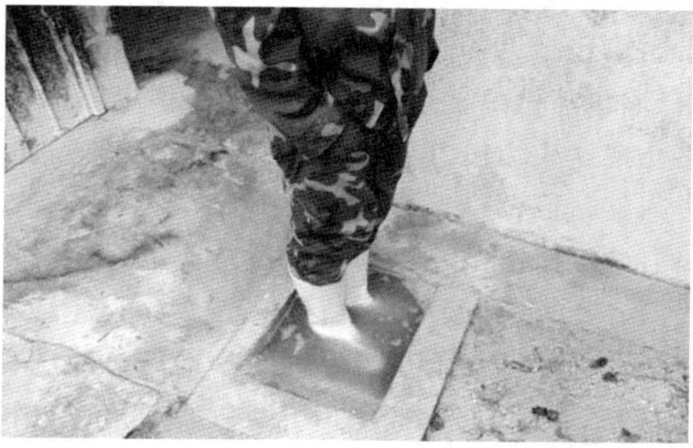

图 8-12　鞋底消毒

2. 车辆消毒操作规范

(1)洗消中心车辆消毒操作规范

①洗消前准备 按要求将待洗消车辆停放在指定区域。清理车上污染物、垃圾等,放在指定区域。整理驾驶室、车厢内随车配备和携带物品,拆除厢壁及随车携带隔离板或隔离栅栏,移除垫层,对其清洗、消毒、干燥。

②清理 按由内向外、由上到下清理车辆内外表面,清理车厢和驾驶室内粪便、饲料、垫料和毛发等污物。低压水枪初步冲洗车体内外表面,打湿车体外表面、车厢内表面。清理完后立即对清理工具清洗、浸泡消毒。

③清洗 洗消人员穿好工作服,用高压水枪清洗车体外表面、车厢内表面、底盘、车轮等部位,重点冲洗污染区和角落。用泡沫或发泡枪喷洒泡沫清洁剂,覆盖车体外表面、车厢内表面、底盘、车轮等部位,刷洗污染区域和角落,确保清洁剂与全车各表面充分接触,保持泡沫湿润、不干燥。用高压水枪清洗车体外表面、车厢内表面、底盘、车轮等,至无肉眼可见泡沫和污染物。

④消毒药物选择 对拆除的厢壁及随车携带的隔离板、隔离栅栏等冲洗干净后,用过氧乙酸、含氯消毒剂喷雾消毒,或在密闭房间内熏蒸消毒。用紫外线对随车配备和携带物品消毒。车内可密封空间用甲醛+高锰酸钾熏蒸消毒,或用过氧乙酸气溶胶喷雾、次氯酸雾化消毒。车身和底盘用过氧乙酸、含氯消毒剂喷雾消毒。参与疫情处置的车辆,先用0.5%过氧乙酸或含有不低于2%有效氯的含氯制剂喷洒消毒,浸润30 min后冲洗干净,再按要求清洗消毒。

⑤车辆消毒 用低压或喷雾水枪对车体外表面、车厢内表面、底盘、车轮等部位喷洒消毒,以肉眼可见液滴流下为标准。喷洒后,按消毒剂使用说明保证消毒剂在喷洒部位浸润不少于30 min。用高压水枪冲洗车体外表面、车厢内表面、底盘、车轮等部位。清理驾驶室内杂物并吸尘;移除脚垫等可拆卸物品,清洗、消毒并干燥;用清水、洗涤液对方向盘、仪表盘、踏板、挡杆、车窗摇柄、手扣等擦拭;对驾驶室进行甲醛+高锰酸钾熏蒸消毒、用过氧乙酸气溶胶喷雾或次氯酸雾化消毒,消毒时间不少于15 min;必要时,在驾驶室内使用除虫菊酯杀虫剂除虫。

⑥人员消毒 随车人员进入消毒通道喷雾消毒,在洁净区等待。消毒完成后,洗消中心人员换下所穿衣物,进入淋浴间清洗,换上清洁衣物和鞋子。将用过的衣物放到指定区域用洗衣液配合含氯消毒剂处理或采取熏蒸消毒或湿热高压消毒。

⑦车辆干燥 具备烘干功能的洗消中心,拉猪车60~65 ℃烘干2 h、非拉猪车60~65 ℃烘干1 h,确保车上无积水(图8-13)。不具备烘干功能的洗消中心,利用大型吹风机对车辆进行干燥,或利用有坡度地面让车辆自然干燥,同时打开所有车门保持车辆通风。

⑧消毒登记 登记内容包括消毒时间、地点、人员、消毒药名、药物浓度、消毒

方式等。

图 8-13　车辆烘干房

(2)中转站车辆消毒操作规范

①车辆停靠在洗消区域,消毒人员穿好安全防护服。

②高压冲洗车轮、车厢、车顶、车身等,将车上粪尿、污物冲干净。

③对车身、车轮、底盘、车顶等处喷雾消毒。

④检查洗消效果,对洗消场地清洗、消毒,做好洗消、检查登记。

(3)生活区入口车辆消毒操作规范

①车辆停放在消毒区域,消毒人员穿好安全防护服。

②清除轮胎、底盘、挡泥板等处的污泥、干粪、积雪等。

③取出车上物品,放在生活区入口处物料消毒间消毒。

④高压温水冲洗车轮、车顶、车身等,待晾干后用温水泡沫清洗,浸润 10～20 min,高压冲洗干净。

⑤晾干后,对车身、车轮、底盘、车顶等处喷雾消毒。

⑥擦洗、消毒驾驶室,同时对司机及随行人员按照人员消毒流程彻底消毒。

⑦检查洗消效果,对洗消场地清洗、消毒,做好洗消、检查登记。

3. 物料消毒操作规范

(1)物料购入及分发操作规范

①检测　每批物资购入前应进行生物安全检测,对高危、高频使用物品要厂家开具无污染证明,如输精管。

②消毒　对货物入仓通道、货车、司机及相关人员喷雾消毒。

③检查　物资到货后,对物品外包装进行检查,无破损方可进总仓,如破损应做退货处理。

④入暂存仓库 对卸货人员及所穿衣物先进行消毒，穿上专用鞋子，对鞋底、手部及手套进行消毒，对所有物品外包装喷雾消毒，放置至少 30 min，搬至暂存仓库，通过紫外线消毒或臭氧消毒对暂存仓库进行消毒，每天至少消毒 2 h。

⑤入总仓 搬运人员搬货至总仓前，先对所穿衣物及自身彻底消毒，然后按物资分类放在不同仓库，如疫苗仓库、兽药仓库、器械仓库、生产物资仓库、生活物资仓库，做好物品登记，最好一次放满仓库，置物架需镂空。对可喷雾消毒、浸润消毒、烘烤消毒的物品消毒，仓库贴上封条，对所有物品熏蒸消毒或臭氧消毒。

⑥无害化处理及消毒 物资放好后，将搬运过程中使用过的一次性手套、防护服等无害化处理，对所有人员、车辆、搬运通道、总仓道路消毒。

⑦分发 购进物资(饮食除外)在总仓消毒、放置至少 7 d 后，按各猪场所需分发。对所有到总仓转运物品至猪场的车辆及人员按洗消流程彻底消毒，并对转运车辆、人员、物资进行特殊病原检测，合格后才能转运物资。装好物资后，对所用一次性物品无害化处理，转运车辆离开后，对搬运通道、转运通道消毒，并做好物料出库登记。

⑧车辆洗消点 转运车辆达到车辆洗消点，按洗消要求将车辆停放镂空斜坡架或固定斜坡上，高压冲洗车身、车轮、底盘，静置 10 min，对车辆低压喷雾消毒，严禁人员下车。

⑨生活区入口洗消点 转运车辆达到生活区入口洗消点后，按洗消要求将车辆停放镂空斜坡架或固定斜坡上，高压冲洗车身、车轮、底盘，静置 10 min，对车辆外部及车内低压喷雾消毒，静置 20 min。人员下车，穿水鞋和防护服，双手浸泡消毒，通过消毒通道对全身消毒。

(2)物料中转仓收发物料操作规范

①需中转的物料，由专车从物料总仓转运至物料中转仓。入物料中转仓前，在外部车辆停靠点对转运车辆喷雾消毒，在外部车辆停靠点人员消毒通道对人员喷雾消毒。

②转运车辆停靠外部车辆停靠点入口，将物料搬运到入口，物料中转仓工作人员对物料表面消毒，按物料种类放到不同仓库，按要求对新进物料消毒，做好场地消毒及入库登记。

③猪场内转运车辆及人员通过物料中转仓库车辆、人员专用消毒通道消毒，车辆消毒后停靠在物料中转站物料出口。

④物料中转仓工作人员将猪场所需物料转至物料出口，由猪场内转运人员将物料搬至车辆上。转运车辆离开后，做好场地消毒及出库登记。

(3)物料仓库收发物料操作规范

①猪场转运车辆到达物料仓库时，对转运车辆及人员喷雾消毒。转运人员将

物料转至物料仓库入口，物料仓库工作人员对所有物料喷雾消毒后转到仓库，做好场地消毒及入库登记。

②猪场内物料领取申请获批后才能领取物料，并填写物料领取登记表。物料仓库工作人员根据物料领取登记表准备物料，做好出库登记。

③猪场内物料领取人将领取物料转运到生产区入口物料消毒间，按要求对物料消毒，将消毒好的物料带到生产区。

(4)熏蒸消毒操作规范　熏蒸消毒常用于不能浸泡和热处理的物料，如干粉消毒剂、灯泡、电线等。

①物料外包装喷洒消毒、晾干后，拆除所有外包装，将物料放在熏蒸消毒室镂空置物架上，物料间要留有间隙。

②密闭熏蒸消毒间，计算熏蒸消毒室体积，按熏蒸消毒剂使用方法计算用量。

③合理布放熏蒸消毒剂点位，启动熏蒸消毒设备，开始熏蒸消毒，直至消毒剂消耗完，关闭设备，24～48 h后开窗通风。

(5)喷雾消毒操作规范　用喷雾消毒设备将雾化的消毒药液喷洒在物料或外包装表面进行消毒，常用于外包装、塑料表面、金属表面等消毒，如保温箱、料槽。

①拆除物料外包装前，先对外包装喷雾消毒，均匀打湿。

②将物料放在镂空置物架上，按使用说明配制消毒药。

③对物料表面喷雾消毒，覆盖整个表面，均匀打湿。

(6)浸泡消毒操作规范　浸泡消毒是将待消毒物料浸没于消毒溶液中消毒或灭菌，如兽药、疫苗、水果、蔬菜、衣物、被套、鞋子、手术刀柄、补料槽、注射器、针头等。

①清除待消毒物料表面脏污或包装，清洗干净后晾干。

②按要求配制消毒药液，确保有效消毒浓度。

③将待消毒物料浸没在消毒药液中，不能露出消毒药液面，消毒容器要加盖。

④达到消毒时间要求后，从消毒药液中取出物料，用清水冲洗干净、晾干、入库或使/食用。

(7)臭氧消毒操作规范　臭氧消毒是利用臭氧发生器产生臭氧，在密闭环境中对空气、物料表面消毒，如物料总仓与中转仓、生活区与生产区物品消毒间等场所均可用臭氧对物料消毒。消毒操作过程可参考熏蒸消毒。用臭氧对栏舍消毒时，密闭至少12 h，消毒结束后，打开门窗通风换气。

(8)紫外消毒操作规范　紫外消毒是利用紫外消毒设备产生的紫外线对物料表面消毒，如物料外包装、衣物等。

①按照紫外消毒室空间大小配备紫外消毒设备，要能覆盖整个消毒室。

②将待消毒物料放在镂空置物架上，密闭消毒室。

③开启紫外消毒设备，持续消毒不少于 30 min。

④消毒完成后，关闭紫外消毒设备，将消毒后的物品存放在仓库或尽快转运走。

4. 种猪引进消毒操作规范

(1)制订引种计划　提前做好下年度引种计划，确定引种品种、时间、次数和公母猪数量等。

(2)引种报备　需引种的场至少提前 30 d 向公司报备，并提交公司兽医部门进行引种安全评估。公司兽医部门对种源场近半年猪群健康状况及本地区疫病流行情况进行调查研究，比较分析种源场与引种场病原谱，综合评估引种风险，出具评估结果与引种建议。

(3)引种前准备　引种前对隔离舍清洗、消毒、干燥；配备专职饲养员与技术员，设置专用通道；了解种源场所在区域及场内疫病情况及猪群免疫情况，对引进的种猪进行抗体和抗原检测，确定病原谱，做好疫苗免疫衔接；引种前开具检验检疫证明，核对种猪档案；做好运输期间各项准备工作，制定突发情况应对措施；提前安排人员做好接猪准备及应激预防与处置措施。

(4)种猪运输　规划运输路线，避开其他猪场、屠宰场、生猪交易市场等场所；提前 1 d 准备好转运车辆，做好车辆清洗、消毒、干燥；转运车辆为公司内部专用车辆或外请车辆，外请车辆最好不是商品猪运输车，禁止使用拉死猪车辆；装猪前对车辆及用具严格消毒 2 次以上；装猪前 4 h 猪只禁食，转猪前后 7 d 给予充足的添加了抗应激药物的饮水；备好预防、治疗运输应激的药物；缓慢装猪，密度合理，做好隔断及防滑处理；转运车辆分成多个区域，性成熟种公猪单独隔开；引种方与供猪方车辆应停靠在固定位置，人员不能交叉；装好车后，将车门固定；配备两名驾驶员交替开车，禁止疲劳驾驶；行驶途中车速应平稳，避免急刹车；运输途中停靠就餐时，应避开运载其他动物车辆；随车准备必要的工具与药品，如防晒防雨棚、绳子、铁线、钳子、抗生素、镇痛退热以及镇静剂等；做好运输途中防暑降温、驱寒保暖等工作，给予猪群充足干净饮水；运输途中禁止非猪场人员接近车辆与猪只，实时观察猪群，发现异常及时采取措施，减少死伤。

(5)接猪　转运车辆到达种猪隔离舍前需在洗消中心对车辆清洗与消毒，对猪群与人员进行消毒。转运车辆停靠在隔离舍外围墙专用进猪台入口，对车辆及猪群喷雾消毒。接猪人员分为两组，一组负责将猪从车上赶下来，另一组将猪赶至隔离舍。接猪过程中，两组人员不得越过各自区域界线，用具不得混用。转完猪后，及时清理转猪通道上的粪污、垃圾等，对用过的工具、用具、通道等进行清洗与消毒。参与转猪人员按既定路线返回，做好自身洗澡与消毒，对人员行走路线消毒。对转猪车辆清洗消毒，车辆离开后，对转运场地清洗消毒，做好污物无害化处理。

(6)隔离驯化　引进种猪隔离60～90 d，隔离期间由专人饲养与管理，做好猪群日常巡察工作，发现异常及时报告。

5. 栏舍清洗消毒规范

①清空栏舍内杂物、粪尿、剩料、垫料、保暖设施设备、饮水器头、用具等，关闭生产电源。

②准备消毒器械、用具、防护用品，如高压冲洗机、扫帚、叉子、铲子、铁锹、水管、防护用品(防护服、口罩、手套、护目镜、防护靴)。

③穿好洗消防护服，备好清洗、消毒试剂，如氢氧化钠(烧碱)、戊二醛溶液、氯制剂、生石灰等。

④用低压喷枪打湿栏舍、设施设备、风机、屋顶、地面、料槽、门口脚踏池、门窗等，泡沫清洗剂浸泡10～20 min后用扫帚、叉子、铲子、铁锹等工具再次清理猪舍内残留粪便、垫料、灰尘等，将粪便、垃圾等收集于包装袋内进行无害化处理或堆积发酵。用高压水枪将栏舍、设施设备、风机、屋顶、地面、料槽、门口脚踏池、门窗等冲洗干净、晾干。

⑤栏舍晾干后，按照从上到下、从里到外的原则对栏舍、设施设备、风机、屋顶、地面、料槽、门口脚踏池、门窗等喷洒消毒，不留死角，持续消毒30 min后，用高压水枪冲洗干净、晾干。

⑥用石灰乳或烧碱溶液对栏舍内地面泼洒消毒(图8-14)，用石灰乳对墙面涂抹消毒。放空水线，用消毒液对水线消毒，持续30 min后放出消毒液，用流水冲洗干净水线。

⑦密闭栏舍，对栏舍及栏舍内设施设备熏蒸消毒。根据需要也可对栏舍地面、

图8-14　栏舍地面泼洒石灰水

金属物、墙裙等耐高温设施设备进行火焰消毒。

⑧栏舍冲洗、消毒完成后，由专人对栏舍洗消效果进行检查。检查不合格，需再次按照以上步骤洗消，直至合格。

⑨做好栏舍清洗、消毒登记表记录，登记表内容应包括消毒时间、消毒人员、检查日期、检查人员、消毒方式、消毒药物及浓度等。

6. 猪精消毒操作规范

①猪精达到洗消中心后，对外包装喷雾消毒，拆去最外层包装，使用75%酒精喷洒消毒。

②由专人将猪精放入猪精保温箱内，生活区派专用车辆把猪精转运到生活区，经过入口处消毒通道对猪精保温箱喷雾消毒。取出猪精，拆去次外层包装，使用75%酒精喷洒消毒。

③使用生产区专用猪精保温箱转运至生产区物资消毒通道/间，对猪精保温箱喷雾消毒。取出猪精，拆去所有外包装，使用75%酒精喷洒消毒。存放到生产区猪精保存间备用。

7. 猪只外售消毒操作规范

①制订外售计划，填报外售清单，上报猪场负责人，经同意后做好外售前准备，如挡猪板、转运记录表、转运许可证、消毒设备及消毒药液等。

②核对外售猪只信息，如耳缺号或耳牌号，剔除不符合外售要求的猪只。

③核对购猪方车辆到达时间，猪场提前 1 d 设置赶猪通道、运输车辆，做好消毒工作。

④外购车辆到达后，出猪台消毒工作人员对外购车辆清洗消毒，按要求对司机及随同人员消毒。场内转猪人员将待售猪只转运至转运位置，过秤后由外售赶猪人员将猪赶至出猪台。

⑤购猪方将猪只装好后，与外售方核对猪只数量及重量等信息，双方签字、留存，填好转运许可证，确认无误后，购猪方车辆离开。

⑥车辆离开后，出猪台消毒人员对装猪区域清洗、消毒，做好清洗、消毒、猪只外售记录。场内工作人员对赶猪通道及用具清洗、消毒，人员经消毒、沐浴更衣后方可返回。

8. 病死猪、胎衣等无害化处理操作规范

①氧化焚烧法　将病死猪及相关破碎产物投放到焚烧炉燃烧室内充分氧化热解，产生的高温烟雾导入二次燃烧室内继续燃烧，充分燃烧后将炉渣排出，二次燃烧后的废气经处理达标后排放。按要求分别收集、贮存、运输燃烧后产生的飞尘及炉渣。

②碳化焚烧法　将病死猪及相关破碎产物投放至热解炭化室内，经无氧热解

充分后，将产生的高温烟雾导入二次燃烧室内继续燃烧，产生的固体碳化产物排出。二次燃烧后的废气经过处理后，达到相关要求后方可排放。

③深埋法　按要求将病死猪及破碎产物投入挖好的深坑中，坑底铺撒厚约 3 cm 的生石灰，放置一层消毒一次，并铺撒一层生石灰，最上面一层上要铺撒一层厚约 3 cm 的生石灰。深坑选在地势较高、常年处于下风向的地点，远离水源、居民区、学校、公共场所、屠宰场、河流等。坑深至少 1.5 m，做好防渗防漏处理。

④高温发酵法　将病死猪投放到密闭槽内，切割、粉碎病死猪。切割粉碎过程中由加热管加热导热油(设定油温 150 ℃)，对病死猪高温灭菌，同时向粉碎的病死猪尸体中添加生物降解菌种和辅料(粗糠粉或植物秸秆)发酵降解。整个过程由分切、绞碎、发酵、杀菌、干燥五道工序组成，可实现全自动化处理，及时高效分解病死猪，处理后的产物为较为干燥疏松的有机肥组分。对有机肥组分进行二次发酵，有效分解油脂和蛋白质。

⑤无害化处理中心　严密包裹病死猪，由专人、专车通过专用通道将病死猪转运至冷库，转运过程杜绝撒漏，对转运车辆、人员、通道进行消毒。无害化处理中心派发专车转运冷库中的病死猪至无害化处理中心，转运过程杜绝撒漏。无害化处理中心车辆走后，对场地进行消毒。

⑥化尸法　用化尸法处理病死猪，需要建立化尸池，最好是钢混结构一次性构筑成型，也可用砖混结构，化尸池必须要做好防渗处理，防止外渗污染环境与水源。化尸池顶端设置投料口，上加密封盖，加锁，化尸池处应树立醒目的标识。

9.粪水无害化处理操作规范

(1)雨污分流　设置两条排液沟：一条无盖明沟收集雨水，另一条加盖暗沟收集粪水。

(2)粪水收集　猪场生产工艺不同，粪水收集方式也不同。常用粪水收集方式有干清粪、水泡粪、发酵床等。干清粪与发酵床模式液体粪水产生量较少，水泡粪液体粪水产生量较多。水泡粪工艺涉及固液分离环节。

(3)固液分离　通过物理或化学方法将粪水中固体成分与液体成分分开。粪水固液分离后，固体部分便于运输、干燥、制成有机肥等，液体部分经过后续处理可用于灌溉林地、果蔬地等。

(4)粪便处理　干湿分离后的固体粪便，可通过堆肥发酵方式处理、干燥、有机肥深加工等流程，制作成有机肥，可外售，也可用于植物施肥。

(5)污水处理　污水经过好氧、厌氧、厌氧-好氧联合处理方式处理后，根据土地承载能力进行农田灌溉、林地灌溉、茶地灌溉、果蔬灌溉等，也可达标排放。

10.环境消毒操作规范

①生活区(办公场所、宿舍、食堂等)屋顶、墙面、地面用 1%戊二醛或氯制剂喷

洒消毒(图 8-15)。

②场区或院落地面洒布生石灰或戊二醛、烧碱溶液消毒。

③进出门口铺设与门同宽、长 8 m 消毒草垫,洒布戊二醛或烧碱溶液,保持浸湿状态。

④污水集中收集,按比例投放氯制剂(漂白粉、二氧化氯)消毒。

⑤交替使用消毒药,每 2 d 更换 1 次。

⑥特殊时期每天消毒 1 次,连续 7 d,之后每周消毒 3 次,持续 3 周。

⑦逐日、逐次进行消毒登记,登记内容应包括消毒地点、消毒时间、消毒人员、消毒药名称、消毒药浓度、消毒方式等。

图 8-15　场区环境消毒

11.带猪消毒操作规范

①猪场根据地域、季节、猪群等特点制定消毒方案,确定消毒频次。

②消毒前对栏舍内粪便、垃圾等清扫清理。

③严格按照消毒药配制说明配制消毒液。

④对猪群体表及栏舍喷雾消毒(图 8-16)。

⑤消毒后要注意栏舍通风,尽快使栏舍内干燥。

12.料线水线消毒操作规范

①猪舍清空后,卸下所有料线、饮水器、接头等,浸泡消毒 24 h 以上,清洗干净、晾干。

②对蓄水池或水塔清洗,清洗干净后将蓄水池或水塔中注满清水,计算体积及所需消毒药用量,配制消毒液。

③清空料线中及饲料仓库中洒落在地上的饲料,进行无害化处理。

④清洗料仓与料塔,晾干后熏蒸消毒,7 d 后再次熏蒸消毒。

⑤配制好消毒药液，将料线、饲喂器、下料管、饮水器、接头等浸泡消毒 2 h 以上。

⑥安装清洗、消毒好的饮水器与接头等，打开水线进水阀，将蓄水池或水塔中的消毒液充满整个水线，浸泡消毒 2 h 以上后按压每个饮水器将消毒液放出，在蓄水池或水塔中注入清水，将整个水线冲洗干净。

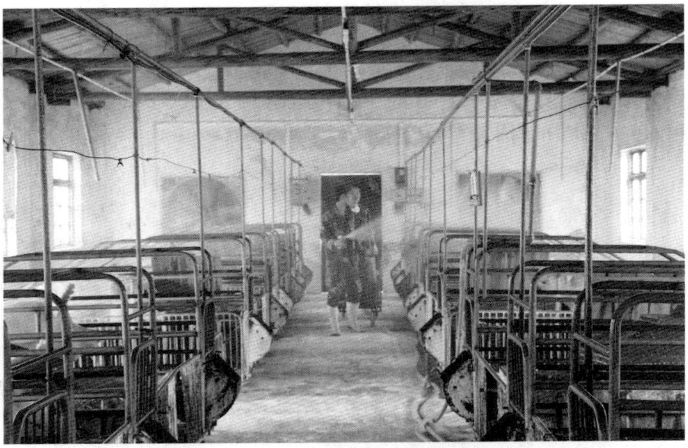

图 8-16　带猪消毒

13. 场内转群消毒操作规范

(1)制订转群计划　根据猪只所处阶段制订转群计划，提交申请，标明所转猪群所处位置。

(2)确定转群时间　冬天应在天气晴朗、气温较高时间段转群，夏天应在天气晴朗、气温较低时间段转群。

(3)安排转群人员　转群过程涉及三类人员，分别为转出方、清洗消毒人员、接入方，接入方在转群前一天对栏舍再次消毒、干燥。

(4)设置转群通道　转群人员设置各自管辖区域转群通道，确保转猪通道无缺口及障碍物，并进行清洗、消毒。

(5)准备转猪用具　准备转猪时用的一切用具、设备等，如赶猪板、扫帚、铁锹、消毒设备等。

(6)放猪　核对待转猪只信息，并将猪只信息卡收集在一起移交给接入方。转出方将猪从栏舍中放出，用赶猪板转群，切忌粗暴对待猪只。转出方转猪人员将猪只赶到洗消站点。

(7)猪只清洗消毒　洗消站点人员对猪只体表清洗、消毒、干燥，一般 6～8 头为一群，集中洗消。

(8)接猪　接入方将洗消好的猪只赶至准备好的栏舍中，按猪只实际情况合理分群,如体重大小、日龄多少等。核对转入猪只信息与信息卡是否一致,并将信息卡放在猪栏合适位置。对转入猪群进行带猪消毒,净化环境。

(9)清理消毒　清理转猪通道粪尿等污物,对其无害化处理。对转猪通道、用具等清洗消毒,转群人员进行沐浴、消毒等,转群所穿衣物、鞋子浸泡消毒。

(10)消毒驱虫　转群后第二天,转入方对猪群进行驱虫,并做好猪群健康管理(图 8-17)。

图 8-17　转猪时驱虫、消毒

14.兽医器械及用品消毒操作规范

①下午下班前,检查当天用过的注射器、针头、镊子、缝合针、手术刀柄、止血钳、温度计、治疗药箱、医用托盘等器械及用品是否完好,无法修好的进行无害化处理,可继续使用的冲洗干净。

②将可蒸煮消毒器械及用品蒸煮消毒 30 min,不可蒸煮消毒的用酒精喷洒消毒或用其他消毒液擦洗、浸泡等。

③蒸煮消毒结束后,待自然冷后用蒸馏水冲洗干净。

④将清洗、消毒好的器械及用品放入设置温度 80 ℃的干燥箱内烘干 40 min 或自然晾干,盖上纱布,贮存备用。

15.栏舍内生产设备消毒操作规范

①将栏舍内待清洗消毒设备移到清洗消毒区域,如补料槽、饮水器头、保温箱、保温垫板等。

②对栏舍内待清洗设备清洗、晾干、消毒。

③专人检查清洗、消毒效果,做好清洗消毒、检查相关记录。记录内容要包括清洗消毒时间、方式、人员等,检查时间、人员等。

16.生产用具、工具消毒操作规范

①生产用具、工具每天或每次使用完后,使用人应将其清洗干净,晾干。

②用喷雾消毒或浸泡消毒对晾干后的用具、工具消毒。

③消毒好的用具、工具放置在固定区域晾干，经阳光直射，干燥后再次使用。

8.4.1.7 消毒效果评估

1. 人员消毒效果评估

涉及人员很多，如司机、场内员工、休假返场员工、拜访人员、检查人员等。待以上人员按要求清洗、消毒后，从他们的衣物、用具、鞋子、钥匙链、雨靴、手机、指甲缝等处选取 3～5 个点，用消毒好的棉拭子反复擦拭后放入专用容器中，将采集到的棉拭子集中送到检测中心进行特定病原检测，及时反馈检测结果，以便持续改进或整改。

2. 车辆消毒效果评估

①车内 从方向盘、座椅、脚垫、加速踏板、离合器踏板、脚制动踏板、司机衣物、挡板等处选取 3～5 个点，用消毒好的棉拭子反复擦拭几下后放入专用容器中。

②车外 从车轮、底盘、挡泥板、后视镜、轮胎、车厢等处选取 3～5 个点，用消毒好的棉拭子反复擦拭几下后放入专用容器中。

③将车内与车外中采集到的棉拭子集中送到检测中心进行特定病原检测，并及时反馈检测结果，以便持续改进或整改。

3. 猪群消毒效果评估

猪群消毒涉及环节很多，如引种、场内转群等。消毒完成后，从猪只体表、车辆、环境、地面等处选取 3～5 个点，用消毒好的棉拭子反复擦拭几下后放入专用容器中，将采集到的棉拭子集中送到检测中心检测，及时反馈检测结果，以便持续改进或整改。

4. 栏舍消毒效果评估

对栏舍清空、清洗、消毒后，从栏舍走道地面、栏舍表面、设备表面、门窗、风机、水帘、脚踏池等处选取 3～5 个点，用消毒好的棉拭子反复擦拭几下后放入专用容器中，将采集到的棉拭子集中送到检测中心检测，及时反馈检测结果，以便持续改进或整改。

5. 物料消毒效果评估

物料消毒后，从物料表面、放置架表面、外包装等处选取 3～5 个点，用消毒好的棉拭子反复擦拭几下后放入专用容器中，将采集到的棉拭子集中送到检测中心检测，及时反馈检测结果，以便持续改进或整改。

8.4.2 免疫体系

8.4.2.1 疫苗免疫概念及意义

疫苗免疫指通过给动物接种非致病性微生物或微生物组分，使接种动物产生抵抗致病微生物的保护性免疫应答的过程。良好的疫苗免疫可降低动物发病率及死亡率，降低治疗成本，减轻动物被疾病折磨，提高动物生产性能。

8.4.2.2　免疫程序制定流程

(1)制定免疫谱　由于免疫多种疫苗会增加养殖成本，免疫需大量营养物质作为基础，疫苗毒(菌)株存在一定风险，不同疫苗间存在免疫干扰，疫苗免疫会使猪只应激甚至产生免疫抑制。因此，疫苗免疫种类不是越多越好。制定免疫程序前，需对本地区猪病流行情况调查研究，掌握本地区猪病流行情况，确定免疫谱。

(2)筛选疫苗　疫苗因生产工艺与生产厂家不同其免疫效果存在差异。猪场在确定使用哪种、哪家疫苗前需对疫苗免疫效果评估，根据免疫效果筛选。

(3)确定免疫时间　以本地区该种疫病常规免疫时间为参考，将筛选疫苗按其免疫方式对猪群免疫，按健康免疫要求对免疫猪群采样，检测抗体水平，确定最佳免疫时间(表 8-2)。

(4)制定免疫程序　猪场免疫程序没有固定标准，制定科学合理的免疫程序需考虑多种因素，如国家猪病防治规划、本地区猪病流行情况、疫病流行特点、场内患病情况、母源抗体水平、免疫抗体水平、疫苗种类等，做到因地制宜、因时制宜。疫苗免疫不仅是一种疫病疫苗免疫，其涉及多种疫病疫苗免疫，甚至同种疫病多次免疫，猪场需制定科学合理的免疫程序，避免疫苗间相互影响。对于本地区常发病与某种病的高发季节，要加强免疫，重点防控。

(5)监测优化　为确保免疫效果，提高免疫质量，猪场应按要求采集血液样品送到检测部门检测，评价免疫效果。免疫效果欠佳或不合格的，及时查找原因，做好补免工作。定期监测猪群抗体水平，做到有的放矢，及时修正、调整、优化免疫程序。

表 8-2　公猪参考免疫程序

公猪群	免疫时间	疫苗种类	使用剂量
后备公猪	75～80 d	伪狂犬	1 头份
	105～110 d	伪狂犬	1 头份
	150 d	乙脑	1 头份
	155 d	细小	1 头份
	170 d	猪瘟(中牧)	4 头份
	175 d	圆环病毒疫苗	1 头份
	180 d	乙脑	1 头份
	190 d	伪狂犬	1 头份

续表 8-2

公猪群	免疫时间	疫苗种类	使用剂量
后备公猪	195 d	口蹄疫	1 头份
	200 d	细小	1 头份
	10 月基础免疫	PT 二联	4 mL
	11 月加强免疫	PT 二联	4 mL
生产公猪	1 月	猪瘟(中牧)	4 头份
	2 月	伪狂犬	1 头份
	3 月	乙脑	1 头份
	4 月	口蹄疫	1 头份
	6 月	伪狂犬	1 头份
	7 月	猪瘟(中牧)	4 头份
	9 月	乙脑	1 头份
	10 月	伪狂犬	1 头份
	10 月	口蹄疫	1 头份
	10 月	PT 二联	4 mL
	11 月	PT 二联	4 mL
	每年 2 月、6 月、10 月	蓝耳病疫苗	1 头份

8.4.2.3 疫苗免疫操作流程

1. 免疫前准备

①人员准备　疫苗免疫一般需 3 个人协助完成，1 人负责免疫注射，1 人负责猪只保定，1 人负责记录、监督。

②器械准备　包括注射器、针头、止血钳、酒精棉、记号笔、签字笔、免疫登记本等。使用前对注射器、针头、止血钳等清洗、消毒、干燥，检查是否完好，能否正常使用。

③猪只准备　根据免疫程序做好免疫计划，对公猪免疫时，需分批次进行，确保正常生产。

④疫苗准备　疫苗一般保存在 2～8 ℃或 −20 ℃冰箱中，使用前将疫苗从冰箱中取出，放在室温环境让其自然升温，避开太阳直射，检查密封是否完好、是否过期等。稀释疫苗需用专用稀释液，稀释液温度与疫苗温度尽量保持一致，稀释好的疫苗应在 2 h 内用完。

⑤应激药物准备　准备肾上腺素、地塞米松等药物，做好免疫注射时猪只免疫应激情况应对。

2.免疫操作步骤

①将稀释好的疫苗吸入注射器或与注射器连接好，装好针头，调整注射剂量。

②移出健康状况欠佳的猪只，待其恢复健康后再免疫注射。

③保定待免疫猪只，选定注射部位，注射部位消毒，按要求注射，如进针快、准、稳，拔针缓、稳，确保不漏液、不起包。

④拔出针头时用消毒棉按压注射部位。做到一猪一针头，做好已注射猪只标记，做好记录。

⑤每栏注射完观察猪群 3 min 左右，及时发现、救治免疫应激猪只，做好记录，向主管报告。

⑥疫苗免疫结束后，记录人员做好免疫档案整理及数据输入，免疫注射人员做好免疫器材清洗、消毒，同时做好疫苗稀释液瓶、疫苗瓶等无害化处理。

3.疫苗免疫注意事项

①至少提前 30 d 提交免疫计划及所需疫苗种类、数量等。

②做好疫苗运输过程中温控工作，缩短运输时间，避免因运输不当造成疫苗失效。

③务必做好疫苗入库与出库过程中消毒工作，并做好疫苗入库与出库登记。

④需配备贮存疫苗专用设备，配置温度计，做好温度记录，确保贮存设备正常工作，严格按照疫苗贮存条件贮存。

⑤稀释前检查疫苗是否完好，是否在有效期内。用专用稀释液稀释，做好疫苗与稀释液温控工作，尽量确保二者温度一致。稀释时摇匀稀释液，稀释后将疫苗摇匀，最好 2 h 内用完。

⑥疫苗注射过程中，将稀释好的疫苗放在专用保温箱中，保证低温。

⑦疫苗免疫需由专人负责，严格按照免疫程序执行。免疫前做好免疫计划，免疫时做好免疫记录，免疫后做好免疫台账。

⑧疫苗免疫前后 7 d 内禁止使用抗菌、抗病毒药物，且免疫前后 2 d 不能带猪消毒。

⑨严禁打飞针，确保一猪一针头、无漏液、无出血。

⑩病弱猪不免疫注射。

⑪两种疫苗免疫间隔要在 7 d 以上。

⑫免疫过程中产生的废弃物不得随意丢弃，必须无害化处理。

⑬做好免疫过程中免疫应激猪只处理，若出现大批猪只发烧、拉稀情况，即时停止免疫注射，积极救治，查找原因。

4.疫苗贮存与使用管理

①设置疫苗贮存专用区域，配置疫苗专用冰箱。

②做好每批疫苗进出库记录，按生产日期制定疫苗出库先后，降低疫苗过期风险。

③每天检查疫苗专用冰箱能否正常工作、是否在正常温度范围内，做好检查记录。

④设置疫苗说明书放置架，将每种进库疫苗说明书放置在放置架上，便于取阅。

⑤疫苗标签不清晰、无法辨别疫苗生产日期、封口有损坏时，应做无害化处理。

⑥贮存疫苗的冰箱要专用，不可他用。冰箱内疫苗不可塞得过满，应留有间隙，保证空气流通，确保冰箱内温度均匀。

⑦贮存疫苗时，要严格按照疫苗保存温度保存，防止疫苗因保存不当造成失效。

⑧冰箱内外均要设置温度探头或温度计，便于温度管控。

⑨严格按照疫苗使用规范操作，稀释前做好稀释液和疫苗温度调配，尽量保持一致后进行稀释。

⑩疫苗注射时所用注射器、针头等要妥善保存，不可乱放，确保人员安全。

5.免疫失败原因

(1)母源抗体影响　初生仔猪可通过母乳获得母源抗体，7 d左右达到高峰，随后逐渐下降，断奶后加速下降。母源抗体效价与疫苗免疫效果呈负相关。仔猪体内尚有母源抗体时进行疫苗免疫会破坏仔猪被动免疫功能，部分疫苗被母源抗体中和，引起母源抗体封闭，导致免疫失败。

(2)疫苗自身因素　某些疫病血清型多，疫苗血清型与疫病血清型不匹配。疫苗效价达不到规定数量，疫苗抗原滴度不够，疫苗株品质下降，灭活苗灭活不全等。同时注射2种或2种以上疫苗会造成抗原间竞争，导致免疫效果不佳。疫苗运输与保存不当，导致疫苗失效。

(3)免疫操作影响　免疫操作人员缺乏消毒观念，免疫注射时没有对器械消毒或消毒不彻底，没有按一猪一针头要求进行。消毒操作不规范，特别是用碘酊消毒时，没有用酒精脱碘就急于注射，疫苗变质，疫苗效价降低。没有严格按照疫苗注射量注射，或者在免疫注射过程中存在打飞针现象，以及免疫针头尺寸不合适导致注射后疫苗外溢。以上情况均可导致免疫效果不佳。

(4)其他方面因素　猪只存在免疫抑制病，健康欠佳。饲喂饲料含有大量霉菌毒素，免疫程序不规范，管理人员不重视，免疫操作人员技术不熟练。生产计划不科学，滥用抗生素，外来人员随意进出猪场，猪舍内环境差等均会导致疫苗免疫效果不理想，甚至免疫失败。

8.4.3　诊断体系

8.4.3.1　临床诊断

生猪疫病临床诊断是借助问诊、视诊、触诊、叩诊、听诊等方法对患病猪直接检查。通过掌握患病猪临床表现出来的症候群及某种疾病特征性症状，对患病猪所患疫病种类做初步判断。对于没有特征性临床症状的非典型症状，需借助其他诊断手段确诊。

8.4.3.2 病理剖检

猪病理剖检是运用猪病理学理论与技术诊断猪病的一种手段。其主要方法是对病死猪进行病理学解剖，通过肉眼观察与显微观察来确诊某种猪病，某些具有特征性病理变化的猪病通过肉眼观察即可确诊，如口蹄疫、非洲猪瘟、结核病等。某些猪病无法通过肉眼确诊，需借助显微镜进行组织病理学观察才能确诊，涉及组织病理切片、冷冻切片、电镜等技术手段。病理剖检时需找出病变群，尽可能全面掌握患病猪病理学变化，结合临床特征及病原特异性病理变化诊断。但目前猪病特异性变化不明显，非典型性、混合感染、激发感染情况日益常见，增加了病理剖检难度。需通过临床诊断、病理剖检、实验室诊断等手段进行综合分析，达到确诊目的。

8.4.3.3 实验室诊断

1. 实验室疫病诊断流程(图 8-18)

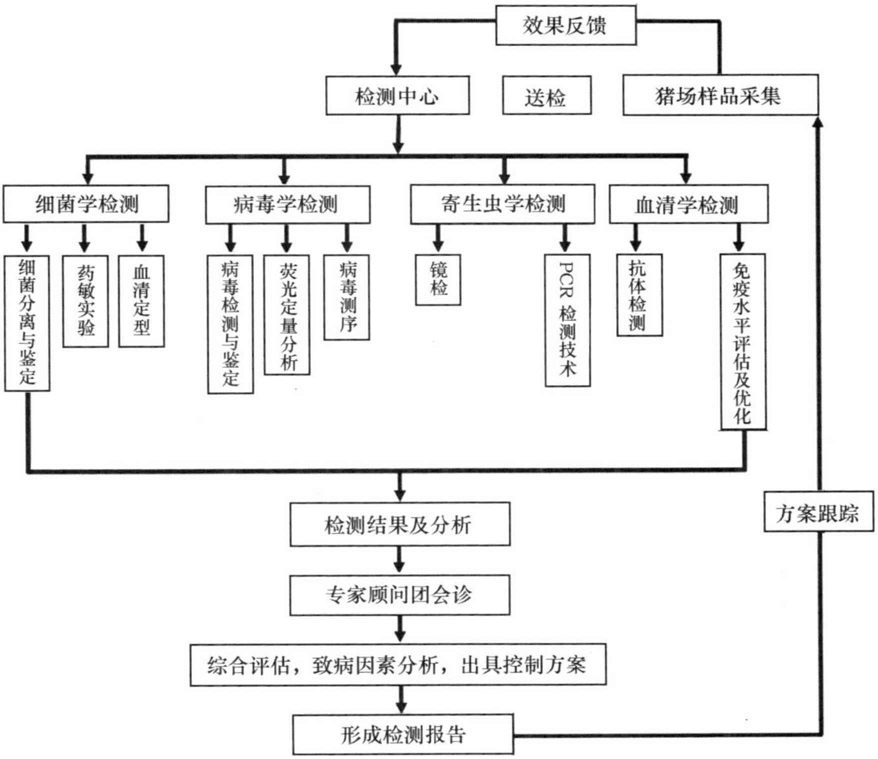

图 8-18 实验室疫病诊断流程

2. 样品采集与送检

(1)病理样品采集与送检

①剖前准备。

解剖工具:手术刀柄、刀片、手术剪、手术钳、开颅/胸工具。

其他物品:工作服、解剖手套、消毒容器、消毒液、保鲜袋、泡沫箱、冰袋、结扎绳、记号笔、标签纸、病猪登记表、一次性 10 mL 注射器、照相机、板车、解剖场地。

解剖场地:化尸池旁或解剖实验室。

人员配备:解剖员、照相及记录员和消毒人员。

②剖前询问、检查和照相。

剖前询问:询问发病情况,如患猪来源、发病阶段、临床症状、发病率、死亡率、病史、治疗情况、营养状况、免疫情况、消毒情况、采食量、饮水量、猪舍环境、栏舍类型、地面类型等;患病猪为母猪时,需调查胎次、产仔情况、带仔情况、泌乳情况、产前产后用药等。

外观检查:检查猪只皮肤颜色、姿态步态、四肢及天然孔、母猪乳房等,并做好以上询问信息记录及拍照。

③解剖及观察。在指定场所剖检,将待剖检猪只呈背位体式即背部靠下,按四肢—胸腔—腹腔依次剖开。先观察各实质器官和对应淋巴结病变情况,再检查脑部、气管、扁桃体、胃、肠道、膀胱和关节病变,做好病变信息记录。

④采集心脏血。胸腔打开后,立即用 10 mL 一次性注射器采集血液 3～5 份,每份 5～7 mL,采集后将注射器退至最大刻度,针头端朝下室温静置 15～20 min,析出血清后 3～7 ℃冷藏保存。

⑤样品采集。采集有明显病变组织器官,重点采集扁桃体、肺脏、淋巴结、脾脏、肾脏和关节等。采样过程应避免样品被污染,做好样品标记与拍照,完整记录病变特征、日期等。

⑥场地与人员消毒。采样结束后,对用具、工具、器械、场地等清洗、消毒。参与采样人员也要消毒、沐浴更衣等。解剖时所穿衣服、鞋子等需至少浸泡消毒 1 h,清洗干净、晒干、备用。

⑦样品保存和送检。采集的样品放在样品专用保存箱中,及时将样品送到实验室检测。送检过程中要避免样品被污染、暴晒等。采样后 12 h 内不能送检的病变组织,需放在－20 ℃冰箱中保存,血液样品应置于 3～7 ℃低温环境中冷藏保存。送样过程最好不要超过 24 h。

(2)血液样品采集与送检

①采样方法。按要求用采样器材无菌采集患病猪或正常猪血液样品 5～7 mL。

②采样要求。采样头数应占该阶段猪群的5%～10%,最少不应少于5份。

③采血部位。前腔静脉(仔猪、保育猪)、耳静脉或颈动脉(母猪和中大猪)。

前腔静脉采血:猪仰卧,前肢摊开,胸骨处形成四个凹陷,对前面凹陷处消毒,针头(成年公母猪12#38 mm、5～80 kg猪7#30 mm、80 kg以上12#38 mm)垂直凹陷底部进针、回抽至有血液流入,拔针,消毒棉按压采血部位,回抽注射器至最末端。

颈静脉采血:绳子或套口器保定猪只,左手按压颈部感知血管,右手持针垂直进针,至有血液流入,拔针,消毒棉按压采血部位,回抽注射器至最末端。

耳缘静脉采血:保定猪只,细绳绑住耳根或用手握住耳根使耳静脉鼓胀,酒精棉球擦拭消毒耳缘处,右手持针(8#头皮针)以45°方向刺入,随即与血管平行缓慢插入血管,固定针头,至有血液流入,拔针,消毒棉按压采血部位,回抽注射器至最末端。

④血液样品保存。样品采集结束后,注射器针头端朝下室温静置15～20 min,充分析出血清后3～7 ℃冷藏保存。

⑤血液样品送检。将血液样品放入专用运输箱中,于采样结束后24 h内送至实验室检测。

(3)活体扁桃体采样与送检　保定猪只,用消毒好的开口器打开口腔,将消毒好的扁桃体采样枪深入口腔,采样枪抵住扁桃体,向上刺破后迅速扣动扳机,取出采样枪。松开扳机,将扁桃体样放入准备好的容器内,冷冻保存。对开口器、采样枪等消毒,备用。采样结束后,按要求及时检测。

(4)棉签拭子采样与送检　分别将无菌棉签伸入猪鼻腔、肛门、阴道内,转动棉签,抽出棉签,放在装有细菌增菌培养基或生理盐水的离心管中,室温或2～8 ℃保存、送检。

(5)注意事项

①要严格按照国家法律法规有关要求采样,做好人员防护。对疑似患有人猪共患病的猪只采样时更需要提高警惕。对血液凝固不良、天然孔出血等不宜剖检的,严禁剖检。

②采样过程中注意人身安全,规范操作,避免受伤。有人员受伤时,应及时用大量清水冲洗,并用75%酒精消毒。

③对死亡猪只采样时,最好在猪只死亡8 h内采样,寒冷季节可稍微延长,但最好不超过24 h。

3.年度疾病监测计划

后备种猪、生产公猪全部检测,规模猪场生产母猪每场每季度随机抽检50头,28 d仔猪、90 d生长猪每场每季度随机抽检50头。后备种猪可检测猪瘟抗体、伪狂犬免疫抗体、伪狂犬野毒抗体、蓝耳病抗体、口蹄疫免疫抗体。生产公猪可检测猪瘟抗体、伪狂犬免疫抗体、伪狂犬野毒抗体、蓝耳病抗体、口蹄疫免疫抗体。生产母猪可检测猪瘟抗体、伪狂犬野毒抗体、伪狂犬免疫抗体、蓝耳病抗体、口蹄疫免疫抗体。28 d 仔猪检猪瘟母源抗体。90 d 生长猪检测猪瘟抗体、伪狂犬野毒抗体、蓝耳病抗体。

4. 检测结果分析

(1)分析目的与意义　为更好地服务猪场，猪病检测中心不仅要提供数据翔实的检测数据，还要对检测数据进行统计学分析，提出科学合理防控方案，出具检测报告，以便猪场采取有效防控措施。

(2)抗体检测结果分析　记录猪群抗体检测 ELISA 值，判定检测结果，计算猪群抗体阳性率，作统计图表。对照国家、行业标准，分析猪群抗体是否合格与抗体整齐度，结合猪场免疫情况预测疾病感染情况、带毒情况及疾病走势。

(3)病原检测结果分析　根据检测原始数据记录病原 RT-PCR/PCR 检测结果，判断检测结果阴阳性，计算阳性检出率，作统计图表，评价猪场病原感染情况。及时将检测结果反馈给猪场，根据猪场需求决定是否开展药敏实验，提供用药参考。

5. 疾病监测年度分析

猪场要制定年度、季度疾病监测计划，通过年度、季度疾病监测掌握猪群是否感染病原、感染何种病原、感染情况等，掌握抗体阳性率高低、抗体整齐度、抗体阳性率是否达标等，分析疾病在猪场流行情况及易发、高发期，为猪场疾病防控与安全生产提供帮助。

8.4.4　给药体系

8.4.4.1　药敏试验及药物筛选

①从－80 ℃冰箱中取出菌株，室温解冻，备用。

②在超净工作台内用无菌枪头吸适量菌液添加在平皿培养基上，用无菌接种环划线，将划好线的平皿培养基放在恒温箱中培养 24 h，待菌落长出后，再用无菌接种环挑取菌落，划线培养，连续培养 3 代再用于药敏实验。

③在超净工作台中用无菌棉签蘸取经过 3 代培养后的菌落，与无菌生理盐水混合，调整到需要单位。使用无菌棉签吸取调整好的含有某菌的生理盐水，均匀涂抹在平皿培养基上。

④在超净工作台中用无菌镊子夹取药敏纸片，轻缓地将药敏纸片贴在平板上，药敏纸片正面朝上，每个平皿培养基上均匀贴上 4 片药敏纸片，将平皿培养基放在恒温箱中培养 12 h 后，用游标卡尺测量药物抑菌环直径，做好记录。

⑤根据药物抑菌环直径测量结果判定耐药性，一般抑菌环直径小于 10 mm 判为耐药，抑菌环直径在 10～15 mm 判为中间水平，抑菌环直径大于 15 mm 判为敏感。

8.4.4.2　给药方案

猪病日益复杂，混合感染成为常态。药敏实验可作为临床用药参考，但不能全部反映药物在猪体内的实际抗菌效果。因此，猪场应以药敏实验为基础，结合本地区、本场过往用药情况制定用药方案。制定用药方案时注意药物配伍禁忌，提高用药效果，降低病猪代谢负担。

8.4.4.3　给药途径及操作流程

1. 饮水给药

(1)适用情形　常用于群体预防或治疗，也可个体治疗。个体饮水给药多用于产房母猪、哺乳仔猪治疗，特别是母猪乳腺炎、哺乳仔猪腹泻治疗。

(2)操作规程　估算群体重量，计算 24 h 药物用量，计算猪群 24 h 饮水量，测算水箱容量，计算 24 h 水箱中饮水被饮用完次数，将药物均分几等份，关掉出水口，打开进水口，注入所需水量，关掉进水口，将药物加入水箱，混匀，打开出水口供猪群饮用。饮用完后按照上述流程及用药要求继续或暂停给药，给药过程中注意猪只情况。

2. 饲料给药

(1)适用情形　饲料给药指猪场在法律法规容许范围内，根据猪群实际情况，将药物拌在饲料中饲喂给猪群，用于预防或治疗群体性疾病，也可以进行个体给药。群体饲料给药一般持续 1 周。

(2)操作规程

①人工拌料给药操作规程。清扫地面，铺设塑料薄膜，按药物使用说明按照 50∶1进行初次混匀，继续按照 50∶1比例进行混匀直至达到配制浓度，将拌匀药物的饲料装袋并运送至待喂猪群舍，按照少量勤加的原则饲喂，注意猪只情况。

②机械拌料给药操作规程。将所需饲料倒入设备中，按照药物使用说明一次性将适量药物倒入饲料上，启动设备进行混匀，将拌匀药物的饲料装袋并运送至待喂猪群舍，清理设备上的饲料及药物残留。按照少量勤加的原则饲喂，注意猪只情况。

3. 注射给药

(1)适用情形　注射给药根据注射器械有无针头可分为有针注射和无针注射，无针注射技术尚不成熟，未普遍应用。注射给药常用于猪只保健、免疫、治疗等。

(2)操作规程及注意事项

①肌内注射。断奶猪、中大猪及成年猪在进行肌内注射时，位置多选定在耳基部后 70 mm 处。对产房仔猪进行肌内注射时多选定在大腿部位，也可在颈部进行肌内注射(图 8-19)。

②静脉注射。一般在耳静脉、颈静脉、前腔静脉处注射。耳静脉注射在生产中最为常用(图8-20),多用于母猪产中、产后护理时,以及产房仔猪发生腹泻性疾病时的治疗。在母猪产后进行耳静脉注射或滴注时,要利用钢丝绳套或其他保定器对母猪保定。在对产房仔猪进行耳缘静脉注射时,需用保定绳或保定器对仔猪保定。注射前对注射部位酒精消毒,以免感染。

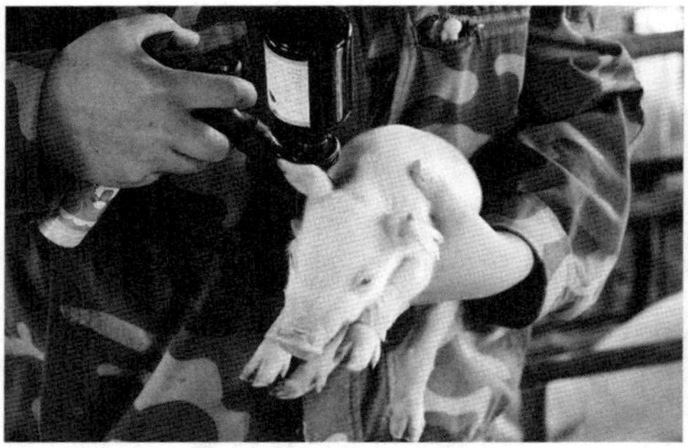

图 8-19　肌内注射

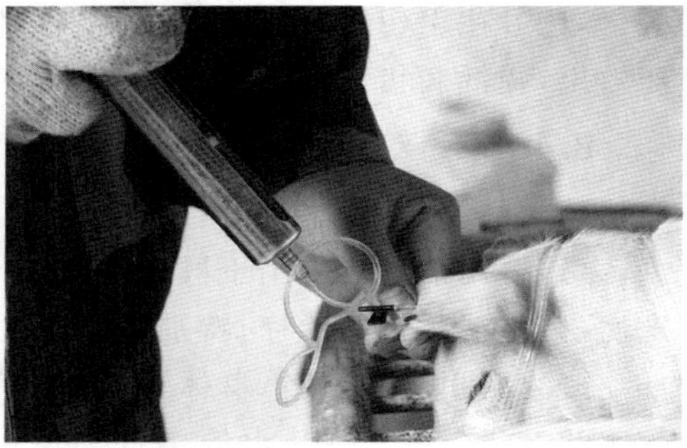

图 8-20　静脉注射

③皮下注射。皮下注射的药物、疫苗或菌苗经皮下毛细血管、毛细淋巴管吸收进入血液,相比肌内注射具有起效较快的优点。皮下注射药物具有易溶解、易吸收的特点。皮下注射多选择在皮肤薄、皮下组织丰富、松弛可移动的部位。体重较小猪只的理想注射部位为大腿内侧皱褶皮肤下,或在肩胛后方皮下。中大猪只的理想注射部位在耳后根25～75 mm处,多用25 mm长针头以45°方向注射。皮下注射操作规程:配制药液及排空—保定待注射猪只—确定注射部位—注射部位消毒—注射人员手部消毒—提起注射部位皮肤—与皮肤呈45°方向刺入皱褶中央—推注药液至组织内—拔出针头—酒精棉按压注射部位。

④腹腔注射。用于体重较小仔猪腹泻类疾病治疗。腹腔表面积大,血管、淋巴管丰富,加之腹压作用,注射到腹腔的药液能快速被吸收。腹腔注射位置是倒数第二第三对乳头间距腹中(白)线2～4 cm处,或趾骨前方3～6 cm侧方。腹腔注射操作规程:配制药液及排空—保定待注射猪只—确定注射部位—注射部位消毒—垂直刺入腹腔2～3 cm—推注药液—拔出针头—酒精棉按压注射部位。

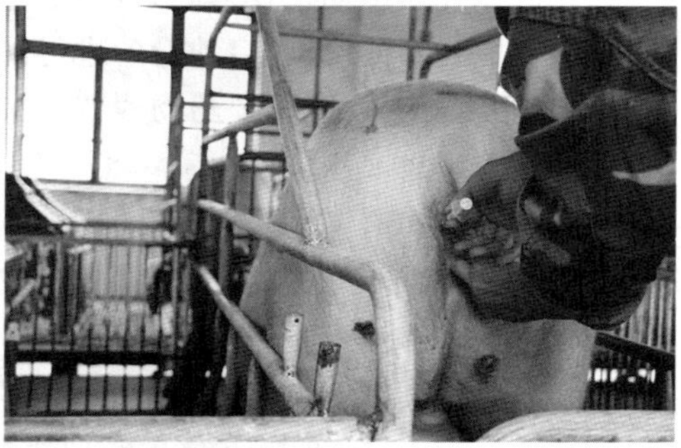

图 8-21　阴户注射

⑤阴户注射。阴户注射常用于猪的同期分娩(图8-21),猪妊娠至第113天时,在阴户左侧或右侧凹陷处注射前列腺素,以便控制猪群分娩时间。

⑥交巢穴注射。交巢穴位于尾根下方肛门上方凹陷处，一般用于疫苗免疫，比如猪蓝耳病、猪口蹄疫、猪传染性胃肠炎、猪流行性腹泻等疫苗免疫注射可选择交巢穴注射。

8.4.4.4 猪场常用药物配伍禁忌

猪场常用药物配伍禁忌见表 8-3。

表 8-3 猪场常用药物配伍禁忌

类别	药物	配伍药物	结果
青霉素类	氨苄西林钠、阿莫西林、青霉素 G	氨茶碱、磺胺类	沉淀、分解失效
头孢菌素类	头孢拉定、头孢氨苄	氨茶碱、磺胺类、红霉素、多西环素、氟苯尼考	分解失效
		新霉素、庆大霉素、喹诺酮类、硫酸黏杆菌素	疗效增强
氨基糖苷类	硫酸新霉素、庆大霉素、卡那霉素、链霉素	维生素 C	抗菌减弱
		同类药物	毒性增强
		青霉素类、头孢菌素类、多西环素、TMP	疗效增强
四环素类	多西环素、金霉素、土霉素、四环素	同类药物及泰乐菌素、TMP	疗效增强
		氨茶碱	分解失效
		三价阳离子	络合物
氯霉素类	氟苯尼考	多西环素、新霉素、硫酸黏杆菌素	疗效增强
		氨苄西林钠、头孢拉定、头孢氨苄	疗效降低
		卡那霉素、磺胺类、喹诺酮类、链霉素、呋喃类	毒性增强
大环内脂类	罗红霉素、硫氰酸红霉素、替米考星、阿奇霉素	新霉素、庆大霉素、氟苯尼考	疗效增强
		维生素 C、阿司匹林、头孢菌素类、青霉素类	疗效降低
		卡那霉素、磺胺类、氨茶碱	毒性增强
多黏菌素类	硫酸黏杆菌素	阿托品、头孢氨苄、新霉素、庆大霉素	毒性增强
		多西环素、氟苯尼考、头孢氨苄、罗红霉素、替米考星、喹诺酮类	疗效增强
磺胺类	磺胺喹噁啉钠、磺胺嘧啶钠、SMZ、磺胺五甲氧嘧啶、磺胺六甲氧嘧啶	TMP、新霉素、庆大霉素、卡那霉素	疗效增强
		头孢类、氨苄西林、维生素 C	疗效降低
		氟苯尼考、红霉素类	毒性增强

续表 8-3

类别	药物	配伍药物	结果
林可霉素类	林可霉素、克林霉素	甲硝唑、庆大霉素、新霉素	疗效增强
		青霉素类、头孢菌素类	疗效降低
		维生素 B、维生素 C	浑浊失效 毒性增强
喹诺酮类	诺氟沙星、环丙沙星、恩诺沙星、左旋氧氟沙星、培氟沙星、二氟沙星、达诺沙星	头孢氨苄、头孢拉定、氨苄西林、链霉素、新霉素、庆大霉素、磺胺类	疗效增强
		四环素类、氟苯尼考、呋喃类、罗红霉素	疗效降低
		氨茶碱	沉淀、分解失效
		金属阳离子(Ca^{2+}、Mg^{2+}、Fe^{2+}、Al^{3+})	形成不溶的络合物

8.4.4.5 兽药贮存与领用

1. 兽药贮存

(1)总体要求　严格按药品存放要求存放,分类有序存放,避免不同药物间相互影响。

(2)温度　温度过高或过低影响药物效果,高温加速药物分解,低温可出现结晶,药物有效期缩短(图 8-22)。贮存温度频繁变化会加大悬浮液颗粒直径,降低吸收率,药效减弱,药物残留期延长。

(3)光照　有些药物需避光保存,严防阳光直晒。光敏药物接触光照可能造成颜色改变或分解,药效降低。因此,药物贮存场所应避光。

(4)湿度　湿度过大时会造成粉末类药品或饲料添加剂霉变、结块等,特别是大包装药品打开使用后,要做好封存。

(5)通风　有些药品具有较强的挥发性,对呼吸道具有刺激性;有些药品遇到明火易燃,甚至爆炸;因此,贮存室要配备通风换气系统,确保贮存室通风良好。

(6)有效期　所有药品都有有效期,必须在药品失效前使用,确保药效。同种药品出库时,要根据失效期与进货期统筹出库。谨慎使用包装破损、标签丢失的药品。

2. 药品出库

药品总仓的药品出库后,原则上不允许再返回总仓,猪场药品仓库出库后也不允许返回。因此,猪场要根据生产实际需要,切实做好用药计划,防止药品浪费。药品出库时,要做好出库记录,如日期、领用人、药品名称、数量等。

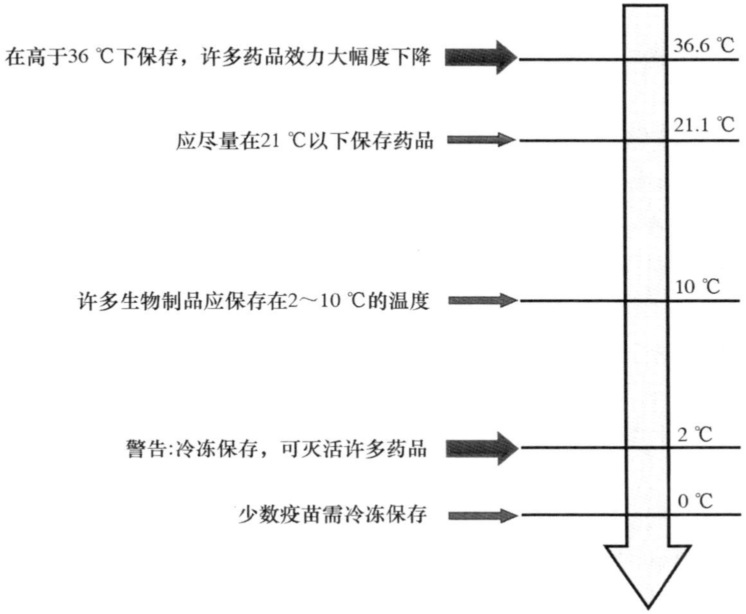

图 8-22 兽药疫苗保存温度要求

3. 药品运输

药品入库与出库均涉及药品运输环节，运输时一定要根据药品特性做好保护措施，准备保温盒、冰袋、棕色或深色箱子等，加强热敏、冷敏、光敏等药物的保护。

8.4.5 重大疫病净化体系

8.4.5.1 制定净化方案

猪场疾病净化是规模化猪场控制疾病最经济最有效的方式之一，猪群疾病净化流程大致相同，其流程为：检测→淘汰→分群→免疫→淘汰，进行循环式、多阶段、分层次的执行净化路线，细化净化措施。

(1)本底调查阶段　通过全场随机抽样检测掌握不同阶段猪群免疫抗体水平和带毒情况，选择优先开展净化的病种。

(2)免疫控制阶段　通过“检测—免疫—检测”多个循环，确保净化核心群体免疫抗体合格率在 90%以上。

(3)监测净化阶段　通过“检测—淘汰或扑杀—监测—净化”程序，逐渐培育阴性种猪群体。

(4)净化维持阶段　通过持续加强生物安全管理、强化风险监测等措施，巩固净化成果。

（5）考核评估　达到净化标准的规模化猪场，可按照规定申请参加省级或部级考核评估。

8.4.5.2　净化方案实施

（1）开展血清学检测　目前常用血清学检测方法有 ELISA 和血凝试验，猪场每年至少进行 4 次血清学检测。通过血清学检测淘汰免疫耐受猪，保证猪群整体免疫。每次检测种公猪头数不得少于种公猪总数的 50%，能繁母猪不得少于能繁母猪总数的 5%。

（2）优化免疫程序　根据猪群疫病流行情况、种猪生产过程中数据变化等综合考虑，科学分析，结合血清学检测结果制定种猪场免疫程序，并根据免疫监测与临床使用效果，及时调整、优化免疫程序。

（3）检测技术方法　猪的病原学检测与净化主要采用 PCR 和 ELISA 检测技术。第一次检测时要全群检测，检出阳性立即淘汰。日常检测结果为阳性的立即淘汰。对后备猪和种公猪进行病原学检测时检出的阳性立即淘汰。母猪出现流产、死胎、木乃伊胎、弱仔等繁殖障碍时，须采集整个胎儿、弱仔或肝、脾、淋巴结、脑组织等病料及时进行病原学检测，检出的阳性立即淘汰。

（4）生物安全防控　建立消毒制度，定期对猪舍及周围环境进行预防疫病消毒、疫病发生期间消毒和疫病终末期消毒制度。制定系统的驱虫程序，选择安全、广谱、长效、方便的驱虫药，定期对全场猪群驱虫。以减量化、无害化、资源化为原则，做好猪场粪便、污水等养殖废弃物资源化利用。加大猪场绿化面积，改善猪场内小气候。

（5）强化猪群营养　按要求合理使用抗生素。合理利用饲料添加剂，如酶制剂、酸化剂、益生素等，或在饲料中添加双歧杆菌，从源头减少氨气排放，净化猪场空气，减少环境污染。同时根据猪群生长、生产需要，科学、合理配制日粮，减少蛋白质比例，降低氨氮排放，从根本上改善猪舍环境。

（6）加强饲养管理　严格控制猪舍内温度、湿度，温度 17～25 ℃，湿度 65%～85%。做好猪舍内通风换气，确保空气质量，冬季可喷雾过氧化物类消毒剂，对猪舍空气杀菌、除臭、降尘，夏季可通过风机、水量等设施设备通风降温。根据当地气候特点，结合猪群生产需要，采取相应措施确保猪舍内有充足光照。

8.4.6　动物疫情处置体系

8.4.6.1　疫情上报

按照《中华人民共和国动物防疫法》《重大动物疫情应急条例》有关规定，从事动物疫情监测、检验检疫、疫病研究与诊疗、动物饲养、屠宰、经营、隔离、运输等活动单位和个人，发现动物感染疫病或疑似感染疫病时，应立即向当地兽医主管部门、动物卫生监督机构或者动物疫病与防控机构报告，并立即采取有效措施加以控制，防治疫情扩散。接到疫情或疑似疫情上报的单位，按照国家规定程序上报，并及时采取必要措施控制疫情。

当猪场发生非洲猪瘟、口蹄疫等重大动物疫情，发生新发动物疫病或新传入动物疫病，二、三类猪病呈暴发流行，猪群不明原因急性发病、大批死亡及农业农村部门规定需上报的，猪场要严格按照有关要求及时上报。

8.4.6.2 疫病认定

猪场上报疫情后，由农业农村部门或动物疫病预防控制机构负责采集样品，送到指定检测机构检测。动物疫情由县级以上兽医主管部门认定，重大动物疫情由省级兽医主管部门认定，新发动物疫病、新传入动物疫病、省级兽医主管部门无法认定的，由农业农村部进行认定。

8.4.6.3 疫情通报

①发生人畜共患传染疫情时，县级及以上兽医主管部门应按照《中华人民共和国动物防疫法》要求，与同级卫生主管部门及时相互通报。

②农业农村部负责向社会公布全国动物疫情，省级兽医主管部门根据农业农村部授权公布本行政区域内动物疫情。

③发生重大动物疫情、新发动物疫情、新传入动物疫情等情况时，农业农村部及时向国务院等有关部门及省级兽医主管部门通报疫情发生和处理情况，依照有关条约、协定等，向世界动物卫生组织、联合国粮食及农业组织等国际组织及有关贸易方通报动物疫情发生和处理情况。

8.4.6.4 猪场内部动物疫病处置

1. 猪病等级划分

猪场根据猪病流行热点，可将疑似猪瘟、疑似圆环病毒病、疑似非洲猪瘟、病毒性腹泻、猪瘟、口蹄疫、猪副嗜血杆菌病、链球菌病和猪高热综合征等化为重大猪病。对临床不能确诊的猪病，需采样送检，检测结果为重大疫病的按重大疫病要求上报，其他情况按生产问题上报。根据发生范围、程度及造成的损失，可将生产问题分为四级（表 8-4）。

表 8-4　猪场生产问题分级标准

类别		分级标准				备注
猪只类别	异常状况	Ⅰ级	Ⅱ级	Ⅲ级	Ⅳ级	
产房及保育仔猪	死亡	Ⅱ级以下	15 头以上/(d·单元),或 3 d 累计超 30 头	30 头以上/(d·单元),或 3 d 累计超 50 头	50 头以上/(d·单元),或 3 d 累计超 100 头	以每单元 400 头仔猪计
隔离及育成种猪	死亡		5 头以上/(d·栋),或 7 d 累计超 10 头	10 头以上/(d·栋),或 7 d 累计超 20 头	15 头以上/(d·栋),或 7 d 累计超 30 头	以单栋猪舍 200 头计
基础母猪	异常死亡、淘汰		5 头以上/(d·线),或 7 d 累计超 10 头	10 头以上/(d·线),或 7 d 累计超 20 头	15 头以上/(d·线),或 7 d 累计超 50 头	以 1 000 头母猪线计
怀孕母猪	流产		3 头以上/(d·线),或 7 d 累计超 10 头	7 头以上/(d·线),或 7 d 累计超 20 头	15 头以上/(d·线),或 7 d 累计超 50 头	以 1 000 头母猪线计
产房母猪	反复发烧减料		10 头以上/(d·栋)	15 头以上/(d·栋)	20 头以上/(d·栋)	以每(大)栋 40 栏计
配种、怀孕舍母猪	发烧减料		10 头以上/(d·线)	20 头以上/(d·线)	50 头以上/(d·线)	以 1 000 头母猪线计
种公猪	发烧减料精液异常		2 头以上/d,或 7 d 累计超 6 头;精液合格率低于 85%	4 头以上/d,或 7 d 累计超 10 头;精液合格率低于 75%	6 头以上/d,或 7 d 累计超 15 头;精液合格率低于 70%	以单个猪场计

注:表中任何一个项目满足条件,均要求按分级标准上报;对于产能设计或实际存栏不同的线(栋或舍)按比例核算。

2. 猪病汇报

Ⅰ级：场长向公司兽医主管汇报。

Ⅱ级：场长向公司兽医主管和技术副总汇报，公司兽医主管或技术副总向公司兽医研究部门汇报。

Ⅲ级：场长向公司兽医主管和技术副总汇报，公司兽医主管或技术副总向公司兽医总监和总经理汇报。

Ⅳ级：场长向公司兽医主管和技术副总汇报，公司兽医主管或技术副总向公司兽医总监和总经理汇报。

3. 汇报时限

重大疫病及Ⅳ级重大生产问题要求疫病发生 12 h 内必须汇报。

Ⅲ级生产问题要求在发生 24 h 内汇报。

Ⅱ级及Ⅰ级生产问题上报时限由公司自行决定。

4. 处置办法

Ⅳ级：由公司生产技术部门牵头，兽医研究部门配合，邀请防控专家成员参与，24 h 内赶赴猪场进行调研。兽医研究部门及时将调研情况形成文字上报公司兽医总监及有关领导，兽医研究部门召开专题会议研究解决方案。

Ⅲ级：猪场技术队伍配合公司兽医研究部门制定防控方案，24 h 内确定专人负责跟踪，猪场技术人员负责方案跟踪及信息反馈，兽医研究中心相关人员协助。

Ⅱ级：以猪场技术队伍处理为主，公司兽医研究部门 48 h 内给予指导建议，猪场技术人员负责方案跟踪及信息反馈，兽医研究中心相关人员协助。

Ⅰ级：以猪场技术队伍为主，猪场技术场长给予指导与监督。

8.4.7 保健驱虫体系

8.4.7.1 保健驱虫意义

传染病对猪群威胁最大，其次为寄生虫病、营养代谢病、中毒性疾病等。目前我国猪群因保健不当或无保健造成猪只死亡比例远高于世界平均水平。高度集约化造成猪群密度加大，环境要求增高，为猪病传播提供了可乘之机。因此，加强适度保健是猪场健康生产的有效措施。

8.4.7.2 健康猪群表现

休息时平躺静卧，运动时尾巴卷起，神态机警。被毛光亮，皮肤柔软完整有弹性。眼睛明亮，鼻端潮润，食欲良好。粪便硬而不干，尿液澄清。体温 38.7～39.8 ℃，脉搏 60～90 次/min，呼吸 15～24 次/min。

8.4.7.3 健康巡查

技术人员做好猪群健康巡查，观察猪群精神状况、食欲情况、粪尿情况等。发现异常及时上报技术场长，对异常情况进行初步判断，按要求处置，如隔离、治疗、淘汰等。

8.4.7.4 保健驱虫程序

1. 保健程序

保健程序见表 8-5。

表 8-5 猪场不同猪群常用保健方案

<table>
<tr><th>群别</th><th>保健时间</th><th colspan="2">保健药物</th><th>用量</th><th>保健方式</th></tr>
<tr><td rowspan="4">哺乳仔猪</td><td rowspan="2">3 d</td><td colspan="2">铁剂</td><td>1.5 mL/头</td><td>肌内注射</td></tr>
<tr><td colspan="2">盐酸头孢噻呋</td><td>0.5 mL/头</td><td>肌内注射</td></tr>
<tr><td>7 d</td><td colspan="2">盐酸头孢噻呋</td><td>1 mL/头</td><td>肌内注射</td></tr>
<tr><td>断奶当天</td><td colspan="2">盐酸头孢噻呋</td><td>2 mL/头</td><td>肌内注射</td></tr>
<tr><td rowspan="3">保育猪</td><td rowspan="3">断奶后 1 周内</td><td colspan="2">氟苯尼考</td><td>100 g/t</td><td rowspan="3">混饲</td></tr>
<tr><td colspan="2">支原净</td><td>100 g/t</td></tr>
<tr><td colspan="2">金霉素</td><td>300 g/t</td></tr>
<tr><td rowspan="2">育肥猪</td><td rowspan="2">60～70 d</td><td colspan="2">氟苯尼考</td><td>100 g/t</td><td rowspan="2">混饲</td></tr>
<tr><td colspan="2">阿莫西林</td><td>200 g/t</td></tr>
<tr><td rowspan="11">母猪</td><td>配种前 1 周内</td><td colspan="2">扶正解毒散</td><td>按说明</td><td>混饲</td></tr>
<tr><td rowspan="2">产前 3～4 d</td><td colspan="2">泰乐菌素</td><td>300 g/t</td><td rowspan="2">混饲</td></tr>
<tr><td colspan="2">磺胺二甲嘧啶</td><td>300 g/t</td></tr>
<tr><td rowspan="3">产后 3～4 d</td><td colspan="2">土霉素</td><td>800 g/t</td><td rowspan="3">混饲</td></tr>
<tr><td colspan="2">板蓝根</td><td>1 000 g/t</td></tr>
<tr><td colspan="2">黄芪多糖</td><td>2 000 g/t</td></tr>
<tr><td rowspan="3">分娩时，产出第 3 头小猪开始</td><td>第 1 瓶</td><td>5%葡萄糖</td><td>500 mL/头</td><td>耳静脉滴注</td></tr>
<tr><td rowspan="2">第 2 瓶</td><td>生理盐水</td><td>500 mL/头</td><td rowspan="2">耳静脉滴注</td></tr>
<tr><td>注射用土霉素</td><td>2 500 mg/头</td></tr>
<tr><td rowspan="2">断奶后 1 周内</td><td colspan="2">恩诺沙星</td><td>200 g/t</td><td rowspan="2">混饲</td></tr>
<tr><td colspan="2">阿莫西林</td><td>200 g/t</td></tr>
<tr><td rowspan="2">引种</td><td rowspan="2">引种隔离第 1 周</td><td colspan="2">支原净</td><td>200 g/t</td><td rowspan="2">混饲</td></tr>
<tr><td colspan="2">多西环素</td><td>150 g/t</td></tr>
<tr><td rowspan="2">公猪</td><td rowspan="2">每月 1 次</td><td colspan="2">支原净</td><td>2 000 g/t</td><td rowspan="2">混饲</td></tr>
<tr><td colspan="2">金霉素</td><td>3 000 g/t</td></tr>
</table>

2.驱虫程序

驱虫程序见表8-6。

表8-6 猪场不同猪群常用驱虫方案

群别	驱虫时间	驱虫药物	用量	驱虫方式
哺乳仔猪	断奶时	多拉菌素	0.3 mg/kg	肌内注射
保育猪				
育肥猪	9周龄、6月龄	伊维菌素	200 g/t	混饲
		芬苯达唑	500 g/t	
生产母猪	每年2、6、10月	伊维菌素	200 g/t	混饲
		芬苯达唑	500 g/t	
	1～12月、进产房前	敌百虫	1%～2%	喷雾
后备母猪	配种前	伊维菌素	200 g/t	混饲
		芬苯达唑	500 g/t	
引种	引进后1周内	伊维菌素	200 g/t	混饲
		芬苯达唑	500 g/t	
公猪	每年2、6、10月	伊维菌素	200 g/t	混饲
	1～12月	敌百虫	1%～2%	喷雾
猪舍	清洗消毒后、进猪前	敌百虫	1%～2%	喷雾

8.4.7.5 防暑降温

温度控制是猪群健康生产的重要保障之一。不同猪群生产、生长最适温度不同,需做好猪场栏舍内温控工作。猪的散热方式有辐射散热、对流散热、蒸发散热、传导散热等4种,散热占比分别为20%、30%、40%、10%。规模猪场主要通过调控对流散热与蒸发散热控制猪舍内温度。因此,猪场可通过配套降温设施设备降温,如风机、水帘、遮阳网、喷淋设施、滴水设施等。

8.4.7.6 肢蹄护理

(1)骨折护理 骨折一般伴随软组织损伤,恢复慢,须肌内注射镇痛药与消炎药。保持栏舍通风、干燥、卫生,给予充足饮水与新鲜饲料。在骨折处软组织上涂抹消毒软膏,防止感染。

(2)外伤护理 一般指由外力造成的机械性损伤。及时发现,生理盐水冲洗创口,涂抹鱼石脂软膏或龙胆紫,肌内注射抗生素。创口较大时,应进行包扎,在创口处敷撒药物,如硫酸铜、水杨酸粉、高锰酸钾、磺胺粉等。

(3)蹄裂护理 栏舍潮湿、天气干燥、营养缺乏、微量元素不足、维生素缺乏等可造成蹄裂。祛除病因，做好治疗与护理，减少运动，切忌久卧，防止肌肉风湿。做好裂口清洗消毒，涂抹松馏油，用普鲁卡因青霉素封闭裂口，连续 3～5 d 肌内注射地塞米松、镇痛药。配合药浴更好。

(4)蹄部脓包　切开脓包，清除病蹄中化脓组织和异物，做好局部清洗消毒，敷撒抗生素粉，连续 3～5 d 肌内注射长效抗生素。

(5)关节肿大　可由传染性疾病引起，也可由扭伤所致。群体性关节肿大时，饲料中添加磺胺或阿莫西林类药。个体病例时，局部肌内注射青霉素和链霉素或磺胺药，配合镇痛药。

(6)腐蹄病护理　患猪蹄内皮肤和软组织发生腐败、蹄腐烂、恶臭、趾间腐烂、蹄壳脱落等，患猪因疼痛喜卧、不愿运动、跛行。祛除病因，切除腐烂组织，做好清洗消毒，敷撒抗生素粉并包扎，肌内注射抗生素与镇痛药。配合药浴更好。

(7)风湿性跛行　栏舍阴暗潮湿、地面湿冷、运动不足等易引起猪四肢关节及周围肌肉发生炎症、萎缩，患猪喜卧、少动、跛行。改善栏舍环境，保持通风干燥，适当增加患猪运动频次与时间，肌内注射镇痛药。

(8)趾甲畸形　有些胎龄稍大的母猪与生产公猪趾甲出现畸形，且很长。需要专业人员对畸形趾甲进行修整，可以适度切除或磨除。给予充足光照，增加运动。

8.5　疫病防控组织及管理

生猪疫病防控各项措施的有效落实在于高效的人才队伍，猪场需要根据实际情况组建能够满足生产需要的疫病防控组织，明确其工作内容、职责。定期对技术人员进行相关培训，提升其职业技术水平。依据各岗位工作实际，制定激励机制，提升员工工作热情，确保猪场各项工作顺利开展。

8.5.1　组织设计

优秀人才队伍是落实猪场生物安全的基础，是猪场疫病防控的核心，建立一支多层次、明分工的专业化猪病防控人才队伍对猪场安全生产十分必要。

8.5.1.1　防控专家队伍

聘请国内外高校、科研院所、企事业单位行业内专家、教授为公司猪病防控专家，同时吸纳公司兽医总监及核心兽医人员为专家队伍成员。

8.5.1.2　兽医研究中心

兽医研究中心是养殖企业从事兽医研究的场所，一般指的是养殖企业内部的检测中心。

8.5.1.3 兽医技术人员

兽医技术人员一般指的是猪场内一线兽医技术人员，如分娩舍兽医、配怀舍兽医、保育舍兽医、育肥舍兽医、隔离舍兽医等。

8.5.2 人员培训

为提高员工素质与技术水平，及时发现生产中存在的问题并予以解决，提高猪场生产效率，猪场管理者应根据不同岗位制订相应的培训计划，开设不同的培训班，如饲养员培训班、配种员培训班、接产人员培训班、兽医技术培训班、生产流程培训班等，并派送场内相关人员参加行业会议，了解行业先进技术。因此，猪场应定期召开生产例会与技术培训。

8.5.2.1 时间安排

每周六或周日 19:00—21:00。生产例会 1 h，技术培训 1 h。

8.5.2.2 会议召集

会议由场长或技术场长召集组织。

8.5.2.3 会议流程

(1)生产例会　各岗位负责人汇报工作，提出问题。技术场长汇报工作，提出问题。场长或技术场长总结工作，解答问题，统一部署下周重要工作。

(2)技术培训　猪场培训一般可分为兽医技术培训与生产流程培训。生产例会结束后，场长或技术场长组织召开技术培训或研讨。主要针对上周生产中存在的问题，从兽医技术与生产流程等方面开展有针对性的技术培训或探讨。一般性问题应当场解决。当场不能解决的复杂问题，会后应及时上报公司技术部门给予指导、培训，尽快解决。

8.5.3 考核激励

8.5.3.1 绩效考核

月度工资＝实得基础工资＋实得绩效工资＋月劳动补助＋月加班费＋月专项补贴

①实得基础工资＝基础工资÷月度应工作天数×出勤天数。

②实得绩效工资＝绩效工资×绩效目标完成率。

③月劳动补助＝工作年限×月补助额。

④月加班费。加班费按照劳动法规定的加班费标准执行。

⑤月专项补贴。公司根据实际情况确定，如偏远地区补贴、高温补贴、防寒补贴等。

8.5.3.2 激励机制

猪场应根据场内实际情况灵活掌握基础工资与绩效工资占比，结合岗位特点设置不同考核指标，做到奖多罚少，确保员工收入，提高积极性。

①场长和技术场长外，其他岗位由场长决定就岗人员，坚持能者上、庸者下，每半年进行一次评估。

②生产成绩低于岗位规定指标的按完成比例发放，对于特别优秀的员工，可适当提高绩效工资额度发放。

③所有员工实行季度和年终奖励制度。根据员工全年工作业绩，实行多劳多得，非平均分配全额奖金。

④猪场实行以奖励为主的工作激励制度，奖励可分为物质、奖金、精神、名誉和提职奖励等。

⑤对表现不佳、屡教不改、造成损失的员工，将视情节轻重给予处罚，可降职、降薪、不续签劳动合同等。

8.6 疫病防控持续改善

为了确保猪场各项疫病防控措施落到实处，一靠各岗位工作人员严格落实疫病防控各项制度、操作流程；二靠疫病防控持续改善工作专班监督检查。猪场应设置疫病防控持续改善岗位，制定检查方案，对各个环节疫病防控措施落实情况进行检查，出具检查结果及改善建议，确保防控实效。

8.6.1 计划安排

公司设置疫病防控持续改善工作专班，每月月底制定下个月的检查方案，采取随机抽查与定期检查相结合的方式进行，确保每个季度对所有猪场各个生物安全风险点至少检查 1 次。

8.6.2 组织实施

根据猪场各生产环节特点及生物安全防控风险点制定疫病防控持续改善检查记录表，检查内容应涉及抗体检测结果、猪群免疫记录、日常消毒记录等资料，同时对猪场消毒操作流程、车辆洗消操作流程、人员进场消毒流程、转猪规范操作等现场检查，并对检查情况打分、拍照留档。

8.6.3 效果检查

为确保各工作岗位对公司猪场生物安全防控措施的有效落实，体现疫病防控持续改善工作专班检查的公正性，疫病防控持续改善工作专班按照公司兽医研究部门制定的生物安全防控风险点检查方案现场抽样，及时送到检测中心进行检测，根据检测结果对疫病防控持续改善工作专班监督。

8.6.4 整改方案

每月检查结束后，疫病防控持续改善工作专班及时撰写检查报告，在每月月底召开猪场生产例会时告知猪场疫病防控持续改善检查得分情况，将检查报告印发给猪场，内容应包含检查结果得分情况、扣分原因、整改建议、整改时限等，指导猪场撰写整改方案，督促其限期完成整改。

思考题

1. 构建公猪站疫病防控体系的意义是什么？
2. 简述分胎次饲养的概念及意义。
3. 威胁区洗消中心建设要求有哪些？
4. 公猪站疫病防控体系主要包括哪些内容？
5. 简述场内休假人员返场流程。

参考文献

[1] 丁向东，邱小田，王志刚，等. 全国生猪遗传改良计划(2009—2020)给我国生猪种业带来的变化和未来工作建议[J]. 中国畜牧杂志，2020，56(6)：169-174.

[2] 冯娜. 全国生猪遗传改良计划种公猪站建设相关概述[J]. 猪业科学，2017，34(10)：36-37.

[3] 谷继承. 高度重视　精心组织　实施好生猪良种补贴项目[J]. 中国牧业通讯，2007(24)：20-23.

[4] 郭年丰，马文杰，潘燕燕. 规模化养猪场疫病防控技术[M]. 北京：中国农业科学技术出版社，2020.

[5] 贺东昌，王伟伟. 猪场建设于环境控制[M]. 北京：中国农业大学出版社，2018.

[6] 连星，李梅，边伊林，等. 猪人工授精技术的研究进展[J]. 畜牧兽医杂志，2017，36(3)：39-40，45.

[7] 卢纪和. 规模化猪场现场管理及技术操作规范[M]. 北京：中国农业大学出版社，2018.

[8] 孟庆利，葛富涛，侯佳星，等. 低剂量子宫深部输精和常规人工授精对种猪繁殖性能的影响[J]. 养猪，2016(3)：41-42.

[9] 仇华吉. 非洲猪瘟大家谈——防控、净化与复养[M]. 北京：中国农业出版社，2021.

[10] 孙德林. 猪人工授精技术实务[M]. 北京：中国农业大学出版社，2009.

[11] 孙德林，王凤来，冯娜. 国家生猪遗传改良计划种公猪站建设探讨[J]. 猪业科学，2017，34(10)：6.

[12] 王超. 影响公猪种用年限和精液品质的因素及青年公猪营养培育方案研究[D]. 武汉：华中农业大学，2017.

[13] 王利娟，常栋. 浅谈猪精液保存在人工授精中的发展与展望[J]. 猪业科学，2020，37(6)：102-104.

[14] 王如霞.种猪人工授精技术应用中存在问题及对策[J].现代农村科技,2021(5):48.

[15] 王献伟,吉进卿,李凯,等.河南种公猪站存在问题及对策[J].猪业科学,2016,33(6):108-109.

[16] 魏宏逵,彭健.公猪精液品质营养调控研究进展[J].动物营养学报,2020,32(10):75-84.

[17] 无公害食品 畜禽饮用水水质:NY 5027—2008[S].

[18] 徐伟辉.猪人工授精技术推广中的问题及对策[J].畜牧兽医科技信息,2020(5):138.

[19] 张金玲.生猪良种补贴项目实施力度加大——农业部召开 2007 年生猪良种补贴项目管理与技术培训班[J].中国牧业通讯,2007(22):14-15.

[20] 张立,刘德旺,李同宽,等.规模化猪场伊利模式实战派养猪专家经验汇集[M].北京:中国农业出版社,2016.

[21] 张树山,韩雪峻,姜红菊,等.猪人工授精技术体系——公猪精液的采集、保存与配种[J].猪业科学,2019,36(12):62-65,4.

[22] 张涛,卫恒习,李莉,等.猪人工授精技术进展[J].猪业科学,2013,30(5):30-32.

[23] 郑友民.猪人工授精技术[M].北京:中国农业出版社,2010.

[24] 种猪常温精液:GB/T 23238—2021[S].

[25] 猪常温精液生产与保存技术规范:GB/T 25172—2020[S].

[26] 猪人工授精技术规程:NY/T 636—2002[S].

[27] 猪营养需要量:GB/T 39235—2020[S].

[28] Close W H. The role of the boar in maximising reproduction: effects of nutrition and management. In: Nutritional Approaches to Arresting the Decline in Fertility of Pigs and Poultry[J]. The Netherlands: Wageningen Academic Publishers,2006:93-115.

[29] Dämmgen U, Haenel H D, Rösemann C, et al. Energy requirements and excretion rates of pigs used for reproduction (young sows, young boars, breeding sows and boars)—a compilation and assessment of models[J]. Landbauforsch Appl Agric Forestry Res,2017,67(2):53-70.

[30] National Research Council. Nutrient Requirements of Swine[M]. Washington: The National Academies Press,2012.

[31] PIC AI Critical Factors for Success. Hendersonville: PIC,2019.

[32] Whitney M. National Swine Nutrition Guide[M]. Mankato: University of Minnesota,2009.

[33] Wilson M E, Rozeboom K J, Crenshaw T D. Boar nutrition for optimum sperm production[J]. Advances in Pork Production, 2004(15):295-306.